不吃苦，不拼搏，你要青春干什么

静文
著

天津出版传媒集团
百花文艺出版社 天津人民出版社

图书在版编目（CIP）数据

不吃苦，不拼搏，你要青春干什么 / 静文著. -- 天津 : 百花文艺出版社 : 天津人民出版社, 2019.5
ISBN 978-7-5306-7653-0

Ⅰ. ①不… Ⅱ. ①静… Ⅲ. ①成功心理—青年读物 Ⅳ. ①B848.4-49

中国版本图书馆 CIP 数据核字（2018）第294485号

不吃苦，不拼搏，你要青春干什么
BU CHIKU BU PINBO NI YAO QINGCHUN GANSHENME
静文　著

装帧设计：末末美书
选题策划：鼎文传媒　**责任编辑：**徐　姗
出版发行：百花文艺出版社
地址：天津市和平区西康路 35 号　**邮编：**300051
电话传真：+86-22-23332651（发行部）
+86-22-23332656（总编室）
+86-22-23332478（邮购部）
主页：http://www.baihuawenyi.com
印刷：天津中印联印务有限公司
开本：710 × 1000 毫米　1/16
字数：180 千字
印张：14
版次：2019 年 5 月第 1 版
印次：2019 年 5 月第 1 次印刷
定价：42. 80 元

如有印装质量问题，请与天津中印联印务有限公司联系调换
地址：天津宝坻节能环保工业区宝富道 18 号 Z1 号
电话：022-22520703　邮编：301800

序 言

不吃苦，不拼搏，你要青春干什么

阿里巴巴创始人之一马云在《不吃苦，你要青春干什么》这篇演讲里这样说道："当你不去旅行，不去冒险，不去拼一份奖学金，不去过没试过的生活，整天挂着QQ，刷着微博，逛着淘宝，玩着网游，干着我80岁都能做的事，你要青春干什么？"你是否曾被这段在互联网上一度刷屏的话语唤醒过心底那早已沉寂的上进心？你是否曾在最能吃苦的年纪却选择安逸？又或者你现在正值青春年华，却已习惯了逃避吃苦，远离拼搏？

有些人以为早上要早起挤公交挤地铁上班，自己是在吃苦；有些人在办公室里，夏天享受着空调，冬天吹着暖气，但偶尔加一加班就觉得自己是在吃苦；有些人没有把工作做好，结果被上司责骂几句，就觉得自己是在吃苦。

殊不知，社会上比你苦上百倍的，大有人在。不相信？不妨去建筑工地看看，不妨去西部偏远山区看看，不妨去体验一天外卖送餐员的工作，不妨看看环卫工人的一天是怎样度过的，不妨看看通下水道的工人平时的工作环境是怎样的……如果你看过，体验过，就不会觉得自己苦，反而觉得自己挺幸运。

现在有很多正值青春的女生，上班不努力，应付了事，下班更不会去拼搏，她们最喜欢做的事情是关注美食、名牌衣服、昂贵的包包、化妆品……她们的最爱还有网上购物、刷微信朋友圈、刷微博，追韩剧……她们以为，这些就是正值青春该做的事。

现在有不少风华正茂的男生，上班得过且过，下班更不愿意利用八小时之外的时间提升自己，让自己更有职场竞争力，反而经常约上三朋五友一起打扑克、打麻将、泡酒吧、沉迷于迪厅或KTV之中……又或者玩网络游戏、看网络小说、美国大片……他们以为这些就是正值青春该干的事。

然而，在最应该努力奋斗的这几年，选择放纵与安逸，最终换来的很可能是一生的卑微，以及不得不一辈子都生活在社会的底层！

怕吃苦，苦一辈子；不怕苦，苦一阵子。如果你在最应该奋力拼搏的年纪，却选择了安逸，将来你会不断埋怨现在的你；如果你现在主动吃苦，拼尽全力，将来的你一定会非常感激现在的你。

在2015年有一部热播的电视连续剧，叫《芈月传》。在剧中，芈月在青年时期吃了很多苦，付出了很多努力，最终登上权力之巅。而芈月的扮演者孙俪能成为“荧屏霸主”，靠的又何尝不是特别能吃苦、特别能付出呢？在面对媒体采访时，孙俪曾这样说道：“除了拍《玉观音》后歇了三个月，十年来，我几乎再没有休息过一天，这比小时候练舞，比在部队里种地、赶猪、掏阴沟要累得多。”

在完全可以拼“颜值”的时代，孙俪却在拼实力，拼吃苦精神。她吃了十年苦，付出了十年的拼搏，换来的是自己身价的暴涨。

孙俪的故事启示我们，人生其实有两条道路可以选择：要么像孙俪那样吃苦十年，精彩五十年；要么安逸十年，吃苦五十年。面对这种选择，相信任何人都知道该怎么选择。

如果老天善待你，给了你优越的生活，请不要失去自己的斗志；如果老天对你百般刁难，更请你不要磨灭了对自己的信心与奋斗的勇气。不吃苦，不拼搏，你要青春干什么？如果你不希望自己“安逸十年，吃苦五十年”，请一定要从现在开始，主动吃苦，努力拼搏。

为了帮助每一位决心追求成功的人少走弯路，在正确的方向、道路上去拼搏，本书结合社会和职场的实际，既提供了一系列一用就灵的好方法，又给大家讲述了很多可供大家在做事过程中作为参考的真实案例，目的是让你有价值地吃苦，高效地拼搏，让自己在有限的时间里，给自己的未来创造更多的价值、回报与成就。

总之，请不要在最能吃苦的时候选择安逸，没有谁的青春是在红地毯上走过的。既然梦想成为那个别人无法企及的自己，就应该在适合自己的道路上，付出别人无法企及的努力！所以，请现在开始，树立明确目标，朝着你最想去的远方，主动吃苦，奋力拼搏，不负青春，不负自己，让将来的你感激现在的你！

目 录

第一章

吃苦

在该奋斗的年纪，努力到无能为力

不愿意吃苦，天赋再高也很难成功

你是否留意过这些现象：有一些特别具有天赋的歌者却一直没有成为大众熟知的当红歌手，有一些很会拍照的摄影爱好者却从来没能举办过一次摄影展，有一些很有天分的运动员却从来没有进入过任何一支职业队，有一些很有才气的写作爱好者却从未出版过一本作品，更不要说有成名作了……为什么会这样呢?

研究发现，以上的现象是因为他们没有努力发挥自己的优势与才能，没有努力使该项天赋成为自己最突出的才干与超越绝大多数人的本领。他们总想着寻找捷径，一味地要寻找到一条方便的路；他们认为自己不用付出多大的努力就可以永远发挥天赋；他们觉得不需要怎么刻苦训练就能取得巨大的成就。令人遗憾的是，最终他们事与愿违，白白浪费自己的天赋与才干，只剩一事无成的结局。

在现实生活中，我们也经常能见到这样的事情：当有人中了数千万的彩票头奖时，大家会为之高声欢呼，虽然心里充满了羡慕；当看到有人通过自己的勤劳与智慧，建立起庞大的事业，赚到巨大的财富时，很多人内心里免不了嫉妒，却很少想过这些人在创业前期其实吃尽了苦头，一直在拼尽全力去工作。于是，很多人都想着通过买彩票来一夜暴富，却不愿意通过努力拼搏来赢得人生的财富。

如果只想着走捷径，而不愿意吃苦与拼搏，那么即使有着再高的天赋，恐怕最终也避免不了碌碌无为的下场。然而有些人到了这种时候，还在不断地抱怨自己是如何的怀才不遇，真是让人哀其不幸，怒其不争。

那些天赋满满却最终一事无成的人，也许在告别人世间时都没有明白这样一个道理：成为最出色或最富有的自己，并不取决于抽到幸运之签或中了千万大奖上，而在于每天都比别人多付出一点辛苦与汗水，多投入一点执着与坚持，让自己每天都在提升与进步！读到这里，你恐怕已经知道了这个问题的答案：为什么一些最有天赋的人从来没有成功过？因为他们只想着找捷径，不愿意去吃苦、拼搏！

再有天赋的人，若不能不断地刻苦努力，不断提升自己，最终也只会泯然众人，流于平庸；再资质一般的人，只要能在正确的方向上每天进步一点点，努力拼搏一点点，坚持不懈之下，将来也必定能卓尔不群，进而功成名就。

不愿意吃苦，不肯去拼搏，再有天赋的人也很难成功。宜家创始人、亿万富翁英瓦尔·坎普拉德对此的看法是："没有人能一次挣到一百万！"上帝的忠告是："你们要走窄门，宽门里没有路。"笔者的感悟则是："不要抄近道，否则会白跑。"

曾看过这样一个小故事：有个人叫了一辆出租车，上车后，他跟司机说了自己要去的目的地。这时候，司机问他，是想走最短的路还是最快的路。他反问道，难道最短的路不是最快的路吗？司机摇摇头后回答说，最短的路和最快的路并不是同一条。现在这个时间段正是上班车流高峰期，最短的路肯定车特别多，甚至很可能正堵着车。如果真堵车了，开车走那段路，车速说不定还没有步行的速度快，所以用的时间肯定很长。

他点点头表示明白。司机又建议他说，如果他有急事，不妨绕一下道，多走一段路，这样反而能早一点到，这就是司机所说的最快的路。这个故事告诉我们，欲速则不达，懂得走一点“弯路”，反而能更快到达目的地。

法国作家勒农说过：“你不要着急，我们所走的路是一条盘旋曲折的山路，要拐很多弯，兜很多圈子，时常我们觉得好像背离了目标，其实我们总是在越来越接近目标。”在人生路上，为什么很多时候走绕远弯路的人却比走捷径者更快到达终点呢？首先是因为捷径上的人太多，所以变得异常拥挤。当你置身于拥挤不堪的捷径上时，哪怕你想往前走一步，也要费尽九牛二虎之力。在这个世界上，大多数人都喜欢走捷径，但结果往往事与愿违。而弯路上的人却很少，因此很轻松地就能往前走。

另外一个原因是，走在弯路上的人，因为面对的是绕远的弯路，所以丝毫不敢懈怠放松，只得努力一直往前走，虽然吃了不少苦头，但最终反而捷足先登，取得了令人艳羡的成就。

宫本武藏是日本近代著名的剑道名家，柳生又寿郎作为他的高徒，同样是一位伟大的剑客。话说当年，柳生又寿郎刚拜宫本武藏为师时，就迫不及待地问道："师父，您是过来人，慧眼如炬，您认为以我的根基与资质，什么时候能成为一名一流的剑客？"

宫本武藏想了想，然后说："我估计大概需要十年。""十年！师父，这会不会太久了一点？"这时候正是年轻气盛的柳生又寿郎，非常想尽快成名，于是他急切地问道："师父，我是一个意志坚强的人，如果我加倍努力练习呢？""那么，得要二十年。"宫本武藏严肃地说。

柳生又寿郎大惑不解地追问："假如我夜以继日、废寝忘食、一刻不停地用功呢？"宫本武藏严肃地说："那你三十年也不会成功！"

宫本武藏的话让柳生又寿郎觉得非常难以理解。最后，他虔诚地问道："师父，练习剑道怎么这样奇怪？为什么我越努力反而用的时间越长？请您告诉我，这是为什么？"

宫本武藏谆谆教导他说："努力没有错，加倍努力也很对，但如果在错误的方法上努力就只会让你南辕北辙。你在学剑一途上，不但要刻苦努力地练习，还要学会用脑去思考剑道，用心去悟剑道。这样，你才有可能成为一名一流的剑客。"柳生又寿郎听后，若有所悟。后来，在宫本武藏的指点下，既刻苦努力又勤于悟道的柳生又寿郎，最终成为一名一流的剑客。

宫本武藏与柳生又寿郎的这个故事启示我们，怕辛苦想走捷径这一点不可取，想通过瞎勤奋、乱刻苦来实现梦想也不可取。要想成功，首先要选择正确的路径，采用正确的方法，然后再吃苦、拼搏，这样才是科学、高效的努力。

总之，想要到达成功的彼岸，我们该走的路都必须要走一遍，该吃的苦都必须吃一遍。如果总想抄近道走捷径，结果反而是走了更多的路，吃了更多的苦，受了更多的坎坷与挫折。急于成功的人，不妨感悟一下这句话：人生必须背负重担，一步一步慢慢地走，稳稳地练；当你扎实走好每一步后，总有一天你会发现自己才是走得最远的巨人！

先吃苦中苦，后尝甜上甜

如果一个人想要实现自己最大的梦想，获得人生中最大的成就，就一定要在年轻的时候开始主动吃苦，努力拼搏，百倍付出。最近在互联网上有一句话说得非常好："不要在最应该吃苦的年纪选择了安逸。"最应该吃苦和拼搏的年纪，通常是18岁到35岁之间，在这段年纪里，如果你能够主动吃苦与拼搏，之后你的收获会越来越多。关于这一点，用一句当代谚语来形容就非常好理解了，那就是："先吃苦中苦，后尝甜上甜。"

赖斯是美国前国务卿，如果我们纵观她年轻时的奋斗史，就会发现，她从默默无闻到功成名就的这一段人生，可以说是一段非常精彩的"先吃苦中苦，后尝甜上甜"的大戏。曾经，她是一名备受种族歧视的黑人女孩；长大后，她却成为一名杰出的外交家。从"丑小鸭"奇迹般地变为"白天鹅"，她用了20多年时间。很多人曾问赖斯，为什么她能够完成如此华丽的转变。赖斯统一的答复是："因为我付出了'八倍的辛劳'！"这个答案，既简洁又有力。

赖斯的成长史启示我们，任何人想要取得瞩目的成就，享受到荣誉的甜蜜，赢得世人的尊重，都必须付出比别人更多的努力，吃比别人更多的苦。正因为赖斯饱尝了“付出比别人多八倍辛劳”的苦，所以，她才品尝到了绝大多数人都没办法品尝到的甜。

赖斯为什么一定要吃“付出八倍辛劳”的苦呢？这还要从她小时候说起。赖斯小时候的那个年代，美国种族歧视还相当严重，尽管美国已经废除黑奴制很多年了。赖斯10岁那年和家人一起到美国首都华盛顿去玩儿。到了那里以后，大家想去白宫参观游览，但却因为是黑人被禁止入内。这件事令小赖斯倍感羞辱，然后她下定一个很大的决心，并对父亲一字一顿地说道：“总有一天，我要成为这座房子的主人！”

父母非常赞赏赖斯的远大志向，从此以后经常向她灌输类似于这样的思想：“要改善黑人的状况，最好的办法是取得非凡的成就。怎样才能取得非凡的成就呢？要是你能拿出双倍的劲头往前冲，也许就能赶上白人的一半；要是你愿意付出四倍的辛劳，也许就能与白人并驾齐驱；要是你愿意付出八倍的辛劳，就一定能赶在白人的前头！”

赖斯对父母的话深信不疑，并以此为信条。为了能“赶在白人的前头”，她数十年如一日，以超过白人“八倍的辛劳”，发愤学习，积累知识，增长才干。最后，她真的实现了“赶在白人前头”的理想，把绝大多数的美国白人甩在了身后！

我们来看看赖斯通过多年“八倍的辛劳”付出，都做出了哪些优异成绩：首先，包括白人在内的大多数美国人只会讲美语和英语，而她不但会讲美语、英语，还精通俄语、法语、西班牙语。其次，包括白人在内的大多数美国人只能进入一般大学、大专甚至职业学院学习，而她则考进了世界名校丹佛大学，最后还拿到了博士学位。然后，包括白人在内的很多优秀的美国年轻人到了26岁可能连研究生都还没有念完，而她在26岁时就已经是斯坦福大学里最年轻的教授了；随后她又成为斯坦福大学历史上最年轻的教务长。

此外，她钢琴弹得非常出色，曾获得过美国青少年钢琴大赛第一名；她还学习了网球、花样滑冰、芭蕾舞、社交礼仪等。但最重要的是，包括白人在内的绝大多数美国人可能只知道遥远的俄罗斯是一个寒冷的国家，但她却是美国国内数一数二的俄罗斯武器控制问题的权威专家。付出了“八倍辛劳”的赖斯，在吃了多年的“苦中苦”后，最后为自己带来了“百倍的成就”，让自己在美国乃至世界政坛中脱颖而出，一飞冲天，品尝到了功成名就的“甜上甜”。

从赖斯的故事我们已经能理解什么是“苦中苦”。所谓的“苦中苦”，其实就是付出比他人更多的辛劳，承担比他人更多的责任。简单的理解就是，比常人更加勤奋。那么，什么才是“比常人更加勤奋”？用赖斯的话来说就是“比白人多付出‘八倍的辛劳’”，用前“中国香港首富”李嘉诚的话来说就是“比别人努力两倍以上”，用前“世界首富”比尔·盖茨的话来说就是“比别人更努力，然后找一群努力的人一起来工作。”

比尔·盖茨在参加博鳌亚洲论坛2007年年会期间，在一次与中国网友讨论时，接受了近两万名网友的提问。其中，大家向比尔·盖茨问得最多的问题是：“你成功的主要原因是什么？”比尔·盖茨的回答是：“工作勤奋，我对自己要求很苛刻。”

在微软创业初期，比尔·盖茨就异常地勤奋努力。微软老员工鲍伯·欧瑞尔说出当他1977年进入微软公司时比尔·盖茨的工作状态：“那时候比尔满世界飞，他会亲自跑到各个公司跟人家谈，比如德州设备、施乐公司、德国西门子公司、法国公牛电器公司。那些公司会有一大帮技术、法律、销售及业务人员围着他，问他各种问题。比尔经常单枪匹马参加世界各地的展览会，推销产品。比尔整天都在销售产品，有时他刚出差回来就连续上班24小时，累了就趴在办公桌睡一小会儿。”

在微软创业初期，微软的员工们工作起来都非常卖力，但却都比不过他们的老板比尔·盖茨。事实上，在退休前，比尔·盖茨一直都是如此勤奋努力。哈佛商学院的案例中有这样的说法：“盖茨好像就住在办公室，他每天上午大约9点钟来到办公室后，就一直待到半夜，休息时间似乎就只有吃晚饭的几分钟，吃完后他又继续忙开了。”正因为比尔·盖茨比其他人都更能吃“苦中苦”，所以他最终品尝到了“甜上甜”——连续十多年雄踞“世界首富”的宝座。

其实，任何取得了巨大成就的人，都是通过比别人更加勤奋努力，比别人更能吃苦，更愿意吃“苦上苦”，最终才品尝到了绝大多数人都吃不到的“甜上甜”的。鲁迅先生就是这样的好榜样。鲁迅从小学习就极为刻苦。少年时，鲁迅在江南水师学堂读书。第一学期他成绩优异，学校便奖给了他一枚金质奖章。没想到，他马上把奖章卖掉，然后买了几本书，又买了一串红辣椒。每当晚上读书读到寒冷难耐或发困打盹时，他便摘下一个辣椒，放在嘴里嚼着，辣得额头直冒汗，然后继续学习。求学期间，他就一直用这种办法驱寒逐困，坚持读书。年轻时他每天都是如此刻苦读书，勤奋求学，这为他后来成为著名的思想家、文学家打下了坚实的基础。

被誉为“篮球之神”“篮球飞人”的迈克尔·乔丹同样是“先吃苦中苦，后尝甜上甜”的典型代表。乔丹到现在为止依然被世人公认为是全世界最伟大的篮球运动员之一。只不过，如此完美的乔丹，在高中时竟然曾因个头不够高而被剔除出校篮球队！但乔丹并没有因此而消沉颓废，而是在训练场上更加勤奋努力，每天不断地练习投篮，一天要练几百个甚至上千个投篮，经常练到累了就睡在篮球场上。凭着比别人多数倍的勤奋努力，他最终进入NBA（美国男子篮球职业联赛），然后率领着芝加哥公牛队捧走了一个又一个总冠军奖杯，他自己也一次又一次地成为MVP（最有价值球员）。由于他出色的成就，他被世人称为“篮球之神”。在被问及“天下打篮球的人这么多，为什么你会如此出类拔萃”时，他的回答是：“lots of work”（花很多时间去练习）。

不经一番寒彻骨，怎得梅花扑鼻香？成功没有捷径，唯有勤奋而已。如果你一定要取得超越众人的巨大成就，就必须付出超过众人的努力；如果你一定要尝到“甜上甜”，就一定要先主动去吃“苦中苦”！

切记，在最能吃苦的年纪，千万别选择了安逸。只有付出超常的勤奋与努力，付出超常的汗水和辛劳，最大限度地充实和完善自己，千方百计地提高自己的竞争实力，使自己成为一流甚至超一流的人，才能把你的竞争对手远远地甩到身后，才能把自己送上事业的巅峰，独享那一份别人都品尝不到的“甜上甜”。

没有坎坷不叫命运，没有苦难不叫人生

有个神情忧郁的人坐在酒馆靠窗的桌子前独自喝着闷酒。这时有一位禅师路过，他跟禅师打了个招呼，然后问对方能不能开解一下自己。禅师来到他面前，问道："施主，有什么可以帮到您吗？"

这个人看了禅师一眼，抑郁地说："我的问题太多了，没有人能帮得了我，不过大师你可能能开导一下我。大师我问您，为什么我会吃那么多苦啊？活着为什么会有这么多痛苦与烦恼啊？怎么样才能没有悲伤与失落？如何才能避免失败与坎坷？"禅师没有直接回答他，而是跟他说："明天你到戒台寺找我，我在那里等你，到时候我可以给你答案。"

第二天，他来到戒台寺，找到禅师。禅师见到他，只是说了一句："走，跟我去一个地方。"然后便先行走出院门。他看到禅师已经走了，只好满脑子疑惑地赶紧跟上去。两人走了好长一段路，突然，禅师对他说："到了。"他停下脚步，发现自己正置身于荒郊野外，周围有很多坟墓。

他一脸不解地看着禅师。禅师指着这些坟墓对他说："你看看吧，只有

躺在这里的人，才完全没有痛苦与烦恼，悲伤与失落，失败与坎坷。”他若有所思。禅师继续说道：“苦难就像感冒，几乎不可避免。没有坎坷崎岖不叫命运，没有痛苦烦恼不叫人生。正是有失败的存在，才显得成功的可贵；正是有苦难的存在，才显得幸福的甜美。”他听了之后，若有所悟，心情突然变得豁然开朗起来。

有一位悲观主义哲学家曾经说过：“我们出生时之所以哇哇大哭，是因为我们预知生命必然充满了痛苦，至于迎接新生命到来的成年人之所以满心欢喜，是因为世间又多了一个人来分担他们的苦难。”

这位哲学家的观点无疑是消极、悲观、负面的。虽然我们必须承认，困难、痛苦、烦恼、麻烦、悲伤、失败……这些苦难谁也避免不了，然而，人生是苦是乐，是悲是喜，完全是个人内心的感受。但要知道，虽然我们无法选择出身，但我们可以选择环境；即使我们无法选择环境，我们也依然可以选择心情。

在漫长的人生路上，每个人都难免会遭遇到这样那样的痛苦与烦恼，经历种种坎坷与崎岖。任何人都无法为自己建造一堵拒苦难于门外的防火墙，但是每个人都可以选择如何面对苦难。面对苦难，有人抱怨，有人恐惧，有人一败涂地；苦难面前，有人苦中作乐，有人以苦为药。

有个人开了一家公司，却因为经营失误，不但公司倒闭，自己还欠了一屁股债。为应付那些天天讨债的债主们，他心力交瘁，精神几近崩溃，甚至萌生过自杀的念头。为了躲开那些债主，他逃到了一个亲戚家里。这个亲戚的家在比较偏僻的农村，此时正是八月初，瓜熟蒂落时节。当他在瓜田旁的小路上漫步时，田里飘出的阵阵清香吸引了他。看守瓜田的一位朴实的老人看见了他，便热情地摘了一篮子瓜果，邀请他品尝。可惜，心情低落的他一点胃口也没有，但又不好意思谢绝老人的好意，于是礼貌性地吃了半个，并随口夸赞了几句。

老人得到了他的夸赞后显得非常高兴，便滔滔不绝地说起了他种植瓜果所付出的辛苦与汗水，快乐与收获。通过老人的讲述，他大致知道了老人的一些故事。原来，老人大半生都与田地相伴，辛苦了半生，也曾遭遇过好几次苦难。例如有一次，就在瓜苗刚出土时，瓜田便遭遇到了旱灾。为了不让瓜苗旱死，老人每天都用扁担挑水灌溉，来来回回很多趟。直到一个多月之后旱情得到缓解，他才不需要每天都那么辛苦地挑水。还有一次，正值瓜田收获之时，一场冰雹来袭，打碎了他半年多的丰收梦。还有一年，一场洪水卷走了瓜田里他所有的希望……不过，虽然遭受了如此多的苦难，但老人依然非常坚强、乐观，他认为："人和老天爷打交道，吃苦是少不了的，但是只要挺一挺、撑一撑，咬紧牙关，苦总会过去的，等到最后收获的不还是我们嘛！"

老人苦中作乐的乐观精神深深感染了他，令他心情一下子也好了起来。老人的这番话，也有如当头棒喝，令他醍醐灌顶，获得顿悟。几年以后，他东山再起，不但还清了所有债务，还把企业经营得有声有色，他也因此成为全国知名的企业家。

他从老人苦中作乐的精神中领悟到如何对待苦难与挫折，失败与坎坷，懂得了"看成败，人生豪迈，只不过是从头再来"的道理。在这种精神的鼓舞下，他重新振作，努力拼搏，最终重新崛起。可见，既然苦难是躲不掉的，为何不积极面对，与苦难共舞呢?

当苦难降临到我们身上时，我们除了应该乐观面对，还可以以苦为药。有很多人怕吃苦，但有些人却主动去吃苦，把吃苦当作补药，让苦难成为刺激自己身体潜能的药。吃过中药的人都知道，很多中药吃起来（或者喝起来）是很苦的。但正是这苦药，激活了人体的生命机能，增强了身体的免疫力，使人变得健康起来。同理，人生其实也离不开吃苦。有些人领悟到这一点，所以便以苦为药，借此人生之苦，激活其内心的灵魂，使自己变得坚强起来，进而取得巨大成就。

有位女子在大学毕业后便开始在伦敦漂泊，平时靠打些零工养活自己。后来，她与一名记者结了婚。不幸的是，丈夫最终抛弃了她，并把她连同刚出生仅4个月的女儿一起赶出家门。身陷痛苦之中的她并没有让自己消沉，在这段时间里，她还给自己做了一个在日后彻底改变她命运的决定：写一套书。

靠着伦敦政府给予的租房补贴，她租了一间简陋的房子。在厨房的桌子上，她完成了第一部作品的手稿。她妹妹看了手稿后，对内容大加赞赏。这使她受到了极大的鼓舞。于是，她每天都用手推车推着小女儿走半个小时的路，来到某家咖啡馆，然后找一个安静的角落，在女儿熟睡后专心地写作。

1997年，她的第一部作品问世。在该部作品被拍成电影后，不但电影收获了很高的票房，她的书也在全世界畅销，并在全世界迅速掀起一股“哈利·波特”热潮。后来，她的作品被翻译成60多种语言，在200多个国家和地区销售达2亿册以上。她被英国女王伊丽莎白授予“帝国勋章”，并跻身于美国《财富》杂志的“世界名人百富排行榜”。她就是畅销书《哈利·波特》系列的作者：J. K. 罗琳。

在媒体采访她时，她最爱说的一句话就是：“人生就是受苦。”她还自称自己是一个以苦为药的人。事实上，正是这些苦难，激活了她内心深处的灵魂与潜能，写出令世界无数读者痴迷的《哈利·波特》系列小说。

1915年诺贝尔物理学奖获得者威廉·亨利·布拉格小时候在学校里经常被富家子弟嘲笑，因为他总是衣衫褴褛，脚上还穿着一双比自己的脚大很多的破旧皮鞋。为此，有些同学诬陷他，说他这双皮鞋是偷来的。

一天，老师把他叫到办公室来，死死盯着那双鞋，威廉·亨利·布拉格马上明白是怎么回事，于是便将一直随身带着的一封信递给老师。这封信是他父亲临终前写给他的，信上有这样的一段话："孩子啊，真抱歉，但愿再过上一两年，我的旧皮鞋你穿在脚上就不会太大了。这样的话，等到你成功的那一天，我也将引以为荣，因为我的儿子正是穿着我的这双旧皮鞋奋斗成功的。"

在苦难的激励下，威廉·亨利·布拉格努力拼搏，积极上进，从而取得了一个又一个辉煌的成就。最终，他成为英国著名的物理学家，现代固体物理学的奠基人之一，并于1915年获得了诺贝尔物理学奖。

总之，没有坎坷不叫命运，没有苦难不叫人生。既然谁也逃不过苦，我们何不积极地看待苦，乐观地接受苦，与苦成为朋友而不是敌人呢？甚至，我们可以让苦成为我们前进路上的垫脚石，激发我们潜能的良药和提升我们心灵免疫力的营养补品！

苦难是金：厄运是上天对你的偏爱

学习过《孟子·告子下》的人应该都记得这样一段话："故天将降大任于斯人也，必先苦其心志，劳其筋骨，饿其体肤，空乏其身，行拂乱其所为，所以动心忍性，增益其所不能。"这段话告诉我们，所有的苦难都是有用意的，老天爷日后有重任要交给你，所以现在先磨炼你，让你方方面面都变得非常强大，这样你就可以担当重任，成为一名大人物。

在谈这个主题时，不妨首先问你一些尖锐的问题：如果你缺了一条腿，你会不会悲伤不已？如果你只剩下一只眼睛，你会不会难过到极点？如果你失去了一双手，你会不会痛不欲生？如果你同时失去了一条腿、一只眼睛、一双手，你还活得下去吗？

很多人四肢健全、双目健康、头脑聪明，却会在吃一些苦头，遭受一些挫折、失败后，便怨天尤人、意志消沉，在打击面前振作不起来，有极少数人甚至选择放弃生命，例如每年选择自杀的那些在校大学生。很多自杀的人，其实遭受的苦难，远远没有其本人想象的那么大。有些人只不过失了恋，便要寻死觅活；有些人只不过是一门考试不及格，便要走上绝路！这些人的心理是多么的脆弱啊！

而有些人，即使失去了一条腿、一只眼睛、一双手，遭受到如此大的苦难与不幸，却依然顽强地活下去，积极拼搏并取得了很大的成就。谢坤山就是这样的人。他在失去了一条腿、一只眼睛和一双手后，仍然坚强地活了下来。事实上，他不但活了下来，还活出了快乐，活出了风采，活出了成就。

谢坤山16岁那年不幸地由于事故而失去了一条腿、一双手。祸不单行，不久后他又失去了一只眼睛。然而，他没有被厄运与苦难打败，反而战胜了厄运与苦难，做出很多令世人瞩目的成就，成为中国台湾青年奖章获得者，中国台湾十大杰出青年之一。

失去双手的谢坤山，通过用嘴咬着笔一个字一个字地写作，最终写出他的自传《我是谢坤山》。这本书在中国台湾出版后，很快便引起轰动并成为畅销书。后来，这本书又被中国香港特区政府推荐为“十大好书”之一。身残志坚的他在过去这些年里，去到很多地方进行过上千场演讲。后来，他还参与拍摄了以他为原型的电视连续剧。而美国《读者文摘》则用19种语言向全世界隆重推出他挑战生命极限的传奇故事。

只看谢坤山的遭遇时，我们可能会觉得他真的是受尽了苦难与折磨；只看他取得的荣耀，我们可能又会认为他获得了绝大多数人终其一生都无法获得的成就。但如果把这两者结合起来，我们却会发现，厄运与苦难其实是老天爷对一个人的偏爱。前提是，这个人没有被厄运打倒，没有被苦难摧毁，反而打倒了厄运，推毁了苦难。

世界上经历过苦难的人很多，然而同样是经历苦难，为什么有的人最终铸就辉煌，有的人依然碌碌无为，有的人却走上歧途绝路呢？对此，法国著名作家巴尔扎克给出了一个标准答案："逆境，是天才的进身之阶，信徒的洗礼之水，能人的无价之宝，弱者的无底之渊。"

不知道你是否读过《钢铁是怎样炼成的》。如果你读过，也许会发出这样的感叹："人，真的应该感谢苦难！"正如我国著名作家冰心所说的："成功的花，人们只惊慕她现时的明艳，然而，当初她的芽儿，浸透了奋斗的泪泉，洒遍了牺牲的血雨。"是啊！如果芽儿没有经历过风雨的洗礼，又怎能开出美丽的花呢？

《钢铁是怎样炼成的》这本书的作者奥斯特洛夫斯基的一生，很好地诠释了这些道理。奥斯特洛夫斯基14岁参军，在战争中受了重伤，后来转到地方工作。再后来，他在双目失明、全身瘫痪的情况下，根据自己的亲身经历开始写作，并最终获得成功。尽管他年仅32岁就离开了人世，然而在他短暂的一生里，他已经铸就了自己的辉煌，在世界文学史上留下自己浓墨重彩的一笔。如果他不把苦难当作一种磨炼自己的机会，如果不能承受双目失明、全身瘫痪的痛苦，他很难写出《钢铁是怎样炼成的》这本激励无数人奋起的传世名著。如果从这个角度来看待苦难，毫无疑问，苦难是金，厄运是上天对一个人的偏爱。

很多年以前，笔者曾见到过一位老农拿着一把柴刀使劲儿地砍路边的一棵歪枣树，原因是它不结枣。邻居们看到以后，觉得很好笑，心里都在想，难道枣树被砍几刀后，就会多结几个枣吗，说不定结得更少呢。笔者还见到过一位老妇跟一只母鸡生气，说它不但不下蛋，还天天孵蛋，结果把几个好蛋的蛋黄都给孵散了。所以她就把母鸡往大水缸里扔，口中还念念有词："这大冬天的，我把你浸到冷水里，看你生不生蛋？"也不怕这只母鸡被冻死。但后来人们却发现，枣树被砍伤后真的在来年结满枣子；母鸡被浸了冷水后，又开始下蛋了。

世间万事万物实在有些奇怪，居然需要一些苦难，才能得到我们想要的！也许，这真应了那句经典谚语：“苦难是金。”事实上，如果我们多增长一下学识与见闻，就会发现，正是苦难，让我们的人生充满五彩缤纷的经历，让我们在成就一番事业后多出很多值得不断回味的东西。

有一首流行歌曲的其中一句歌词唱得很令人难忘：“不经历风雨怎能见彩虹，没有人能随随便便成功。”巨大的苦难在使一个人的心灵感到痛楚的同时，也会使其心灵因痛苦的锻造而富有韧性，这种韧性将会使其可以负载更多的苦难，而苦难每每是成功的孪生兄弟，换言之，这个人终将可以取得更大的成功。

在人生路上，没有荆棘密布的丛林，又怎么会显得阳光大道的平坦与舒适；没有暴风骤雨的洗礼，又怎么会显得雨后彩虹的绚丽。莫叹人生好辛苦，还是孟子说的那段话最在理，正因为老天爷日后要把重任交给我们，所以现在才会给我们那么多的苦难，用来磨炼我们内心、精神、筋骨、体肤等。切记，所有成就大事业的人，都经历过这样的磨炼。

所有苦难都是有用意的。当苦难袭击你时，一定要挺住，别因为畏惧苦难而辜负老天爷对你的眷顾。当苦难降临你身上时，庆幸吧！正是苦难，令你更快地走向成熟；正是苦难，帮助你找到人生的丰富多彩。

吃得了苦：战胜了苦难，它就是你的财富

丘吉尔年轻时曾在一次聚会上听到过一段令他终生难忘的话。在聚会上，有一位富翁向在场的人讲述他自己童年时的苦难经历，并说了这样一段话："苦难，到底是财富还是屈辱？当你战胜苦难，它就是你的财富；当苦难战胜你，它就是你的屈辱。"这段话虽然很简短，却深深打动了丘吉尔，令他一辈子都没有忘记。每每遭受苦难时，他都会用这句话来激励自己想方设法去战胜苦难。也正是习惯了战胜苦难，所以他不断地取得成功。后来，他当选为英国首相，带领英国人民战胜法西斯德国入侵者，名垂千古。

苦难既可以成为我们的屈辱，又可以成为我们的财富；既可以成为我们前进路上的阻力，又可以成为我们努力拼搏的助力。至于苦难，是我们的屈辱、阻力还是财富、助力，完全看我们怎么对待苦难。正如影响丘吉尔一生的那句话所说，当你战胜苦难，苦难就是你的财富；当苦难战胜你，苦难就是你的耻辱！如何才能战胜苦难呢？通常有三种方法：变劣势为优势；化缺陷为机会；做苦难的主人。

有位剑客去拜访一位武林高手，想向后者请教自己该如何练习才能拥有他那样非凡的武艺。武林高手拿出一把只有一尺长的剑，然后对来访的剑客说：“是这把剑帮助我拥有今天的成就。”

剑客大为不解，问道：“别人的剑都是三尺三寸长的，您的剑为何只有一尺长呢？从古到今大家不是都说‘剑短一分，险增三分’吗？您使用这么短的剑，不就是把自己置身于一种劣势之中吗，您怎么还说这把剑成就了您呢？”

武林高手回答道：“正因为在兵器上我处于劣势，所以我才会时刻想到，如果与别人对阵，我会是多么的危险，所以我只有勤练剑招，以剑招之长补兵器之短。如此一来，我的剑招不断地进步，从而令劣势转化为优势！”

劣势与优势，苦难与成就，都是一个硬币的两面。当你利用好劣势，劣势就能翻转过来成为优势；当你利用好苦难，苦难也能翻转过来，成为帮助你取得巨人成就的力量。

正如每个人都有优势，每个人也都有某些方面的缺陷，因为没有一个人是完美的。当然，有些人的缺陷并不是很明显，而有些人的缺陷却非常明显。例如身高太矮、长相丑陋、长着龅牙、脸上有胎记、少年白头或者天生秃头等等，都是非常明显的缺陷。绝大多数有着明显身体缺陷的人，往往会抱怨老天爷很不公平，让自己因为与生俱来的缺陷而备受歧视，让自己在他人面前感到自卑。

可能这些人没有想到，缺陷其实也可以是一种机会。表面上看，缺陷确实是一种苦难与不幸。但是，如果一个人能积极面对与接受自身的缺陷，甚至毫不在意自身的缺陷，那么缺陷对这个人就毫无负面影响。做到这一点，缺陷对一个人来说算不上苦难与不幸。

罗慕宾在菲律宾是一个家喻户晓的大人物。他曾长期担任菲律宾外交部部长。从外表看，他是一个有着明显缺陷的人，因为他即使穿上鞋，身高也只有1.63米，用时下比较流行的一个词来调侃就是“三等残废”。在青少年时期，罗慕宾其实也和很多身体有明显缺陷的人一样，对自己的身高自惭形秽，还曾一度穿过高跟鞋。但他发现这种做法令自己很不舒服，于是就把高跟鞋扔掉。他决心以缺陷为激励自己拼搏上进的动力，追求人生的成就。通过不懈的努力，身材矮小的他终于成为伟大的人物。

其实，罗慕宾人生里的许多成就都与他的“矮”有关，换言之，矮反倒促成他的成功，以至于他说出这样的话：“但愿我生生世世都做矮子。”他甚至还写了一篇题目为《愿世世代代为矮人》的文章。

1935年，罗慕宾应邀到美国圣母大学接受荣誉学位，并发表演讲。当时，绝大多数的美国人都不知道罗慕宾为何许人也。那一天，时任美国总统的富兰克林·罗斯福也是演讲人之一。当活动结束后，罗斯福还笑吟吟地“责怪”罗慕宾“抢了美国总统的风头”，可见当时罗慕宾的演讲多么成功。

1945年，联合国创立大会在美国旧金山举行，罗慕宾以菲律宾代表团团长身份应邀发表演讲。讲台差不多和他一般高。然而，当天他的演讲却博得在场所有与会人员一次又一次的掌声。最重要的是，从那天起，小小的菲律宾在联合国里第一次被各国当作一个很重要的国家。

通过这件事，罗慕宾认为矮子比高个子有着天赋的优势。矮子起初总是容易被人轻视，但当矮子有了还不错的表现后，大家就会觉得出乎意料，于是便不由得佩服起他来，于是在大家的心目中，他的成就就会显得格外出色，以至于很平常的事一经他的手，就似乎成了石破天惊之举。这也启示我们，接受缺陷，我们甚至能把缺陷转化为发展自己的机会。

要战胜苦难，除了化劣势为优势和化缺陷为机会外，还有一个方法就是成为苦难的主人。

科学家马诺哈尔与优秀教师娜赫玛成为一对幸福的夫妻，很快还有了一个美丽可爱的女儿。夫妻二人都很爱画画，旅游，交朋友。日子就这样一天天快乐地度过，直到一场车祸，从天而降到娜赫玛身上。这场车祸令娜赫玛肩膀以下全部瘫痪，她不得不服用对大脑有损害的药物，忍受感染、褥疮、身体痉挛等折磨，而且她24小时都要有人来照顾。祸不单行的是，这时，丈夫马诺哈尔的眼睛也出了问题，视力正在逐渐衰退。虽然打击接二连三地到来，但他们没有自暴自弃，反而不离不弃，相互扶持，打开通往新生活的大门。

车祸发生后的30多年里，马诺哈尔成为妻子最好的护士和服务员。从治疗过程的每个细节到把她从汽车里抬出来时轮椅应该倾斜的角度，他都知道得一清二楚。娜赫玛则在家里为学生们开设英语口语课，并编写儿童读物。此外，她还学会了用肩膀肌肉写字！

尽管视力越来越差，但马诺哈尔却克服种种困难，写了自己的第一本书，并成功将之出版。在这本书里，他充满深情地记录自己的青春岁月，书中精致的钢笔插图都是他亲手绘制。而要完成这一工作，他要克服的困难比写书更大！

每一年，夫妻俩都要一起制作明信片。马诺哈尔负责画图，娜赫玛负责写文字。每一天，他们都积极地生活，享受着生活里的点点滴滴。如今，马诺哈尔已经出版了三本书，第四本正在写作中；娜赫玛则继续为教育事业贡献着自己的力量。

我们阻挡不了苦难的降临，但可以掌握自己面对苦难时的心情；我们躲不过横祸与厄运，但可以成为苦难的主人！人生在世，难免会遇到痛苦与不幸。该怎样面对苦难呢？马诺哈尔夫妇选择的是积极面对，战胜苦难，成为苦难的主人，而不是苦难的奴隶。如果你遭受到了苦难与厄运，又会如何面对呢？最好的应对方法是，拒绝怨天尤人，然后乐观、坚强地寻找解决困难的办法、化解痛苦的良药。

挫折利用得好，能助你拥有非凡成就

山中幸盛是日本战国时代的著名人物。关于他最有名的一件事就是：每当他向神明祈祷时，总是会跟神明说这样的话："请给我七难八苦！"为什么他每次祈祷时都会说这句令人不可思议的话呢？有日本"经营之神"之称的松下电器创始人松下幸之助对此的看法是："绝大多数人在向神明祈祷时，内容虽然会有所不同，但大致说起来不外乎是利益，有些人祈祷幸福，有些人祈祷健康，有些人祈祷幸运，却没有人会祈求神明赐予自己更多的困难和痛苦。因此，当时的人对山中幸盛的这种祈求七难八苦的行为，觉得很不可思议。我想，山中幸盛祈求七难八苦，用意是想通过种种困境来考验自己，激励自己，锤炼自己坚强的意志。"

为什么松下幸之助能理解山中幸盛的这种做法呢？因为松下幸之助和山中幸盛一样，也是从来不畏惧艰难困苦，反而视艰难困苦为生活里必不可少的组成部分。甚至，松下和山中幸盛一样，都希望七难八苦降临到自己身上。为什么会这样呢？因为他们认为，没有与艰难困苦斗争的经历就不是真正的人生。

松下幸之助曾经鼓励年轻人说：“面对挫折与失败，千万不要失望，而要拿出勇气来！当你扎扎实实地坚持向既定目标前进时，自然就会有办法出现。一个人如果能够心无旁骛，专心致志，此时此地，即可聆听到福音自九天而降。我劝大家保持精神的沉静和坚定，不可因一时的小挫折而丧失斗志。如此，世界上就再也没有什么事情是办不成的了。”

为什么很多取得巨大成就的伟大人物会祈祷艰难困苦降临到自己身上呢？最主要的原因就是他们认为，在人生路上，很多时候，面对自己遭遇到的各种苦难、失败、挫折、磨炼，如果利用得好，它会成为自己一飞冲天的巨大助力。

有一位年轻的电台播音员在刚刚崭露头角时却突然被单位解雇了。亲人朋友知道这件事后，都很担心他，怕他伤心过度而去做傻事。没想到他收拾好公司里属于他的东西回到家时，他却很高兴地对自己的妻子说：“现在我终于有时间去开创属于自己的事业了！”后来，这位年轻人做了一个非常成功的电视节目，并让自己成为20世纪五六十年代在美国家喻户晓的电视明星。这个年轻人名叫亚特·林克勒特。

林克勒特曾撰写和出版过一本名叫《没错，你做得到》的书。他在这本书里特别指出，他刚出道时遭受的最大打击，正是他后来取得成功的最大基础。有很多事实告诉我们，失败确实可以毁灭一个人；但同时还有另一批事实提醒我们，失败也能成就一个人。对于一个意志坚定的人来说，失败恰好提供给他最需要的意志。什么意志？坚强的意志。正是由于失败的刺激，更好地锤炼了他坚强的意志；而坚强的意志，又更好地把他推向成功。

最大的危机往往就是最大的转机。任何一位想成就伟大的人，都必须经受得住巨大的苦难与厄运的考验，才算是过关。

说到这一点笔者突然联想到明朝著名宰相张居正。张居正自小聪明过人，13岁那年便参加乡试。当考官们看到了他的答卷后，无一不拍案叫绝。然而，时任湖广巡抚的顾玉麟却建议考官们让张居正落第。当大家问他为什么会提这样的建议时，顾玉麟解释道："张居正年少好学，我看他在文章中的才能与志向，将来必定是个将相之才，如果过早让他发达，容易使他骄傲自满，反而会断送他的上进心。如果让他落第，虽然迟了三年，但却能够使他更加清醒，能看到自己的不足，从而促使他更加发奋图强。"

后来的历史事实证明，这位顾巡抚的远见卓识令人佩服。数年以后，位居宰辅之位的张居正成为明朝中兴的杰出政治家。在当时险恶的环境中，他敢于坚持革新政治，有一种不达目的绝不罢休的坚韧精神，这其实正与他少年落第的逆境与厄运有关。

这就如著名化学家列别捷夫所说："平静的湖水练不出精悍的水手，安逸的环境造不出时代的伟人。我无法伟大，然而苦难却让我告别平庸。"树木受过伤的部位往往会变得更硬，人的成长也一样，在经历过逆境的伤痛与苦难之后，更能磨砺出其优秀的个性。可见，要想成就一番大事业，就必须能经受得住生活的磨炼和命运的摔打。而娇生惯养之辈往往缺少气概，难成大业。所以古人有云："自古雄才多磨难，从来纨绔少伟男。"

对个人的成长来说，无论顺境、逆境，其实都是外因，归根到底还是要靠内因来决定。但不容忽视的是，很多时候环境太好，确实不利于个人成长。俗话说，“穷人的孩子早当家。”逆境中的人因为饱受磨难，一次又一次地与命运、困难做斗争，所以更能正视自我，更具有勇气面对各种挑战，更容易挖掘出自己巨大的潜力。这些，往往都是顺境中的人所不具备的。法国著名作家雨果得出过这样的结论：“人在逆境里比在顺境中更能坚韧不屈，遭厄运比交好运时更容易保全身心。”

曾记得当年“世界球王”贝利喜得贵子时，大家都祝贺他说，他的儿子将来一定会是一名体育明星。然而，贝利却不假思索地否定了大家的说法。他认为：“我的儿子很难成为体育明星，因为他一出生就过上了很富有的生活，所以先天就缺乏竞争意识，而我小时候是非常贫穷的，不得不努力拼搏，出人头地。所以，他永远都不会有我的成就，甚至很难成为一名成功的体育明星。因为取得大成就者，绝大多数都是抱着不屈不挠的精神，从逆境中挣扎奋斗过来的。”贝利真是一位具有大智慧的伟人，在这个问题上看得非常透彻。

挫折与逆境利用得好，更能助你拥有非凡成就；在顺境里过得太安逸，往往会一事无成，庸庸碌碌地度过一生。当然，不是所有身处顺境的人都不能成才，更不是所有逆境中的人都会成才。相对而言，顺境中的学习条件比逆境中的学习条件要优越许多，像书香门第、艺术世家中的子弟，通常比贫困家庭中的子弟就学习文化来说要便利得多。而逆境也常常会摧残、扼杀人才。能不能成才，关键要看自己做得怎么样。

一个人在顺境里如果能做到不贪图安逸，而是早早地立下壮志，然后不断地主动吃苦，奋力拼搏，假以时日必能成大器。一个人在逆境里如果经不起磨难，消沉下去乃至被岁月吞噬，又谈何成才呢？所以，身处顺境时，千万别贪图安逸，要走出“温室”，逃离“舒适区”，不断磨炼自己；身处逆境时，也千万不要气馁，要勇敢克服前进路上的困难，在危机中发现并抓住转机，从而让自己早日达成目标，实现理想。

第二章

拼搏

让将来的你感激现在拒绝安逸的你

没有危机意识，容易身陷危机

生存在这个世界上的我们，如果不主动吃苦，不努力拼搏，结果会是什么呢？结果往往是，我们把自己一步步地带到危机中去。对食物链熟悉的人肯定都知道，动物世界里的竞争是非常残酷的，只要危机意识稍差，很可能马上就会身陷危机之中。所以，越是高级的动物，越有危机意识，也因此，它们每天都努力让自己远离危机。

有则寓言故事相信很多人都读过。每天，当太阳升起来的时候，非洲大草原上的动物们就开始奔跑。狮子妈妈会这样教育自己的孩子：“孩子，你必须跑得快一点，再快一点！你要是跑不过最慢的那头羚羊，就会被活活饿死！”在另一处地方，羚羊妈妈也在教育自己的孩子：“孩子，你必须跑得快一点，再快一点！如果你不能跑得比最快的狮子还要快，你肯定会被他们吃掉！”

无论是狮子妈妈还是羚羊妈妈，都是在教育孩子时刻要有危机意识。狮子们想要远离危机，靠的是至少比跑在最后的那头羚羊快；羚羊们想要远离危机，靠的是一定要比跑得最快的那头狮子还要快。

动物们都拥有危机意识，我们人类又怎能不具备危机意识？动物们如果不让自己拥有危机意识，就是对自己生命的不负责任；我们人类如果不培养起危机意识，则是对自己前途和人生的不负责任。那么，我们人类靠什么远离危机呢？靠未雨绸缪，现在就为未来做好各种生存与发展的准备。而越是努力拼搏，就越能为未来做出更好的准备，应对好更大危机的到来。

中国古人有句话说得非常好："生于忧患，死于安乐。"这句话告诉世人的就是"人要有危机意识！"如果一个国家没有危机意识，这个国家在不久的将来一定会出问题；如果一个企业没有危机意识，这个企业在不久的将来一定会危机重重；如果一个人没有危机意识，这个人在不久的将来一定会身陷危机。

无论国家、企业还是个人，想要让自己不陷入重重危机之中，就必须懂得"居安思危"的道理。在这里，我们不讨论国家与企业，单论个人，任何人想要在未来不身陷危机，现在就应该在思想和实际行动上做出准备，以应对未来突如其来的变化。如果没有准备，那么不要说是应变，仅仅是心理上受到的冲击就会让你不知所措。

为了应对未来的危机，我们能做的最好准备，就是让自己努力拼搏，成为同行里的佼佼者，做"跑"得最快的人。试想，即使危机到来，身陷危机之中的肯定是那些"跑"得慢的人。为什么那些人会"跑"得慢呢？因为他们不如那些"跑"得快的人那么努力，危机意识没有那么强烈。没有危机意识，容易身陷危机；具备危机意识，就会努力提前应对。而最好的应对方法，就是比别人更努力更勤奋，让自己的个人实力与竞争力越来越强大，强大到所有人都比不上你！

身在职场里的人其实对“危机”这个词应该有着更深的体会，因为无论在哪个国家、哪座城市、哪家企业，裁员与被解雇的事情天天都在发生。熟悉世界就业状况的人都知道，全世界每个国家的就业形势都不容乐观，想要找到一份稳定且福利待遇好的工作是不易的。很多人往往不是工作环境不如自己的意，就是因公司里竞争太激烈，自己的实力达不到公司的要求而被淘汰。

在职场里，很多人从被公司录用开始，就希望自己能在公司里做出一些成就，成为值得公司信赖甚至不可或缺的员工。但是，事情常常不会顺着我们的意愿去发展，现实随时都会发生改变，仅怀有美好的愿望是远远不够的。怎么办呢？既要在意识里时常保持一种危机感，时刻提醒自己，又要在行动上不断努力提升自己的实力，不断创造出一次又一次的好业绩。这样你就能在危机到来时掌握主动权，甚至远离危机。

对于每一个职场上班族来说，如果缺乏危机意识，整日安于现状，以为有一个“饭碗”就能高枕无忧，在工作中缺乏“如临深渊，如履薄冰”的心态，就必定激发不出对工作的责任感和与时俱进地去转换工作思路及方法、接受新生事物的激情。最终的结果往往是很难在职场竞争中保住自己的位置与所谓稳定的工作从而被替代。如果你也是上班族，请切记，如果缺乏危机意识，即使你今天不在裁员名单之列，也很难在职场里有较大的发展。更大的危机则是，未来的某一天，你将毫无准备地被淘汰出局。

张德今年40岁，已经在某企业任职15年。这天，他所在的部门新聘用两名刚毕业的大学生。看到这两张新面孔时，没上过大学的张德产生了危机感。和新人们比较起来，自己仅有的优势恐怕就是资历比较老。毕竟自己在这家公司已经工作很多年，对公司尽职尽责。但在公司工作多年的他，也深知老板的用人原则：既看重德，又看重才，还看重学习能力强的人。为此，他对待工作更为认真负责，生怕出现什么差错。

有一天，办公室里发生这样一件事：老板安排的一份紧急报告因负责打字录入的员工打字速度太慢，结果影响了申报时间。这让老板对这个员工发了一大通脾气，责骂了半天。

这件事深深触动了张德，让他觉得，要想保住自己这份工作，单靠勤奋和忠诚是远远不够的，还必须让自己成为对公司多方面都有用的人。于是，他不但在自己本职工作上不断提升自己，还通过努力，让自己成为一名一专多能的人。又过了一年，公司要裁掉一些不称职的员工，一件出乎所有人意料的事情发生了：一名20多岁拥有研究生学历的员工被裁掉了，这连该员工都没想到！而张德呢，不但越来越远离裁员危机，在公司里的位置还越来越稳固。

很多人都把职场比作看不见硝烟的战场，其残酷性可想而知。在职场里常见的现象是，今天工作不努力，明天努力找工作。为什么会这样呢？如果一名员工总是做不好自己的工作，公司很快就会找能做得到该项工作的人来替代他。市场竞争激烈，老板也别无选择，只能这样做，否则老板的公司就会被市场淘汰。

拥有强烈的危机意识时，我们就会主动去努力、拼搏，就会不断找出自己与别人的差距，然后迅速找到提升自己的空间、方向，并努力去弥补与充实自己，同时保持工作之初的激情。当我们总是这样做的时候，我们的实力会不断提升，我们的竞争力会不断强大，我们将越来越不可替代。

逃离舒适区：青春是用来奋斗的，不是用来享受的

你是否在公众场合见到过写着：“小心！危险！”的警示牌？其实在公共场所、公路旁边，经常会看到类似这样的警示标语，它们被摆在那里的目的是，时刻提醒人们要注意安全，避免潜在的危险。然而，再多的警示牌也不见得能够让所有人都真正警惕可能会遭遇到的危险。要知道，即使某处地方真的存在什么危险，又或者做某件事情真的会产生严重的后果，也还是会有一些人心存侥幸。

这不禁让笔者想到“温水煮青蛙”的实验。如果我们将青蛙放入一锅滚烫的沸水里，青蛙往往能迅速做出反应，及时地跳出来；但如果我们将青蛙放入盛满温水的锅里，然后慢慢地加热使水温逐渐升高。青蛙由于没有意识到水温的变化，反而感觉很舒服，甚至很可能会在温水里进行“蛙泳”。然而，当锅里的水温度越升越高最终达到沸腾，青蛙想要挣脱的时候，一切都已经太迟了。最终的结果是，青蛙在沸水里丧失了弹跳能力，最后被活活烫死！可怜的青蛙就这样在安逸的环境中放松了警惕，慢慢丧失了逃生的本

能，最终成为温水煮沸后的牺牲品。

其实，“温水煮青蛙”的现象在我们人类社会里也不断地重复上演着。例如，刚学会开车的新手，在开车上路时往往会小心翼翼、生怕会发生事故；而有着多年驾驶经验的老司机，却可能会在不经意间酿成车毁人亡的惨剧，因为开车对他们来说太熟悉了，熟悉到可能会出现的危险都被他们忽视。

再如，很多人的卧室里都有一张宽大而舒服的床，为自己量身定做，不大也不小，不管外面如何凶险、环境多么恶劣，自己一旦躺下去，似乎就再也不想起来，生活和工作中的烦恼、忧虑、痛苦，仿佛统统都被抛到九霄云外。这时候的自己，似乎已经感觉不到丝毫压力。

躺在卧室温床上的我们，睡得越舒服对我们身体越好。但如果在工作和生活中我们也“躺”在舒适的“温床”上，麻烦可就大了。因为这意味着我们已经变成了“温水里的青蛙”，只有在即将被“煮熟”时才意识到危险的存在。然而到了这个时候，我们做出再多的努力，也已经是无谓的挣扎！

无论在生活里还是工作中，每个人都会有自己的“舒适区”。什么是舒适区？舒适区最早是一个心理学上的概念，这个概念与人的压力有关。顾名思义，处于这一区域里的时候，你会感到习惯而舒服。在这个时候，压力其实还是有的，但我们似乎觉察不到，或者很轻松地就可以应付这些压力。因此我们往往没有强烈的改变自己的欲望，也不会主动地去付出多少努力，所有的行动都只是为了维持舒适的感觉而已。只要离开舒适区，我们就会感受到压力，就开始面对困难，开始接触自己并不在行的领域，开始负担风险和危机。所以，大多数人一旦置身于舒适区后，就会把舒适区当成是自己的“安乐窝”，都不愿意轻易地走出来。

然而，当一个人躺在舒适区里时间久了，麻烦就会自动找上门来。要知道，世界每天都在变化、成功规则也在发生变化，当环境发生变化后，一个人如果不能很快地适应变化，就只能被淘汰。在这个世界上，谁能更快地适应新变化，谁就能更好地生存与发展。而阻碍我们去适应新变化的，就是舒适区。

世界上每一个人都曾经拥有过梦想，然而真正能实现自己梦想的人却少之又少。为什么会这样呢？因为很多人在青春年少的时候，就开始不求上进、自甘平庸，让自己陷入低级的舒适区里。他们一直一事无成，还整天安慰自己，认为自己只是与世无争。他们认为平平淡淡才是真，所以年纪轻轻就选择安逸的生活。但生活的残酷就在于，如果你在该奋斗的年纪选择了安逸，将来你就会过上事事皆不如意的生活。

如果你正值青春，请一定要把你的时间和精力都用在奋斗上；如果你已经不再年轻但依然拥有梦想，也请你为了梦想再拼搏一把！怎样去奋斗与拼搏呢？从逃离舒适区开始！要逃离舒适区，就必须学会“虐待自己”。怎样才是“虐待自己”呢？我们看看富兰克林·罗斯福是如何做的。

美国前总统富兰克林·罗斯福给世人的第一个印象是，一位残疾人，总坐在轮椅上。其实，他并不是生来就残疾，只是生来就体弱多病，到8岁上学时，情况比较糟糕：目光呆滞，气息微弱，神情古怪，说话含糊不清、断断续续，走路时经常会跌倒……学校建议他最好回家休息，不要来上学。

少年罗斯福没有被不幸击败，没有消极退缩，也没有维持现状、在家休息和疗养，而是积极行动起来，坚持像其他健康的孩子一样去上课，同时努力克服身体上的困难。以他当时的体质而言，似乎不适合从事任何一项户外运动，但罗斯福却主动给自己“找麻烦”来“虐待自己”：跑步，划船，踢球，骑马……经过长时间练习，他终于能正常参加每一项体育运动。在持续锻炼之下，他的身体开始健康起来。

他也不断努力克服自己口才差的缺陷：每天照着镜子练习口形，努力把每一个字都说清楚；练习假嗓子，为演讲做准备。通过很长时间的努力后，他终于能在任何场合谈笑自如。而对口才的苦练，也为他日后在政坛上给予了巨大的帮助，并为世人奉献出无数脍炙人口的演讲。

罗斯福在克服困难过程中所经历的痛苦，与他“创造”困难、磨炼自己的过程中所付出的努力，作为旁观者的我们是难以完全体会的。当他发生意外事故并因此患上了脊髓灰质炎后，终生要坐轮椅的事实丝毫没有打击到他的理想与信念。他还是千方百计地“折磨”自己的病体——坚持不懈地创造条件锻炼身体，比如做引体向上，用轮椅跑步等。政敌们常常利用他的残疾攻击他，但是他总能以出色的政绩、卓越的口才与充沛的精力将其变成优势，而这些都是他平时磨炼的结果。

在竞选美国总统时，他在演讲中说道：“虽然我是一个行动不便的人，但我相信你们选我，并不是因为我能做前轮翻或后轮翻。我生来就是要战胜一切困难，今天我能够出现在这里，就已经说明了这个问题。接下来我要做的，就是帮助你们、帮助美国克服所有困难！”在当时美国正处于经济危机的情况下，人们选择相信这位坚忍、乐观、习惯于战胜困难的人。于是，1933年罗斯福成功当选为美国第32任总统。

从小就体弱多病、后来还身患残疾的罗斯福并没有让自己处于“舒适区”里，选择“安逸生活”，而是不断让自己逃离舒适区，不断给自己找事做，不断地“虐待自己”，结果让自己不但一次又一次地战胜上天给予他的困难，还不断地取得令世人瞩目的成就，最后还让自己成为美国历史上最伟大的总统之一。你对自己越苛刻，生活对你越宽容；你对自己越宽容，生活对你越苛刻。你主动逃离舒适区，就是在远离危机；你选择安逸，就是让自己置身于危机之中。

如果你不希望自己的未来身陷危机之中，现在就要让自己逃离舒适区，拒绝安逸，然后努力拼搏，不断“虐待自己”。切记，无论你现在是20多岁还是30多岁，你最该做的事都是努力拼搏，而不是选择安逸，躲在舒适区里不能自拔，否则，未来的你一定会厌恶现在得过且过的自己。

对自己负责，让未来的你感激现在拼搏的你

如果你是一位已经进入社会、走上工作岗位的人，就一定会明白这样的道理：未来的你会非常感激现在努力拼搏的自己。为什么会这样说呢？因为这时候的你一定已经经历过读书时期。在读书期间，当你考上全国的名牌大学时，你一定会感激在中学时非常努力学习的自己，因为正是在中学的那几年里，你努力学习，让自己的学习成绩极为优异，才把自己送进最好的学府。

进入社会后，这样的因果关系依然成立。如果你现在是一名上班族，当你通过努力拼搏，既不断地在工作上做出优异的业绩，又让自己的个人能力不断提升，那么三五年后，你的职场竞争力会非常强大，你会被提拔重用，并得到比大多数同事高很多的薪水。这个时候，你一定会非常感激过去三五年里一直努力拼搏的自己。

无论是在学生时代，还是在职场工作时期，只要你能做到“让未来的你感激现在拼搏的自己”，你就是对自己负责的人。每个人在一生里都要扮演

多个角色，承担多重责任：要担负起对家庭的责任，要对团队负责，要对上司负责，要参加力所能及的公益活动，要关心国家大事。也许每天你都需要在各种角色之间转换，所以你需要在不同的角色间分配好自己的时间，担当好你的责任。不仅如此，你还要应付各种意外情况，如应对客户的投诉，处理好需要紧急送的文件，照顾好生病的家人，帮好朋友的忙等等。

在这其中，有些要求是必须做的，因为这是你应该担负的责任。例如，当家人生病时，即使不是大病、急病，你也需要抽出时间去照顾。而这必然会牺牲掉你一部分时间，但这是必须要做的，因为你需要通过这种方式来换取那些对你来说比较重要的东西——亲情、爱情、安全、伙伴、财富。每个人都必须面对这一切，有时候就要做一些对方希望你做的事情。当然，担负这些责任并不会占据你所有的时间、空间，你生活和工作的支配权依然在你自己的手里。

在所有的责任里，最重要的是对自己负责。对自己负责的最重要体现，就是把自己的时间和精力投入到努力拼搏中去，在未来让自己过上更好的生活、收获更大的成就而打下坚实的基础。为了让未来的自己收获更大的成果，现在不但要努力拼搏，还要高效地努力拼搏。怎么高效地努力呢？利用好自己的时间。每个人的时间都是有限的，所以谁更高效地利用时间，谁的成就就会更大。

很多人其实也挺努力的，但却成就有限，为什么会这样？主要原因就是没能高效地利用时间。尽管很多人看起来有着明确的目标与界定清晰的职责范围，他们的知识也足以胜任从事的工作，但他们还是陷入低效的泥沼之中而不能自拔。之所以会这样，是由于他们错误的认知造成的。他们认为自己缺乏足够的判断能力和掌控能力，所以就日复一日地埋头于自认为别人要他们去做的一切，结果忽视自己真正应该去做的事。什么是一个人最应该去做的事呢？那就是为自己的人生盈利的事。

表面看来，很多人都在为自己的事业打拼，但实际上他们过多地受制于上司、客户、家人等，所谓的事业在生活的压力面前已经变成换取利益的手段，而不是在为拥有更好的明天而奋斗。换言之，他们没有掌控自己的时间，他们的人生被别人掌控。这也是一种对自己极大的不负责任。

为了对你的人生负责，你要学会更好地管理你的时间，分配好你的时间，然后用更多的时间来做更重要的事情，使自己能够从时间中获得更大的收益。而要达到这一效果，关键的一件事是，及早确定你的人生目标，然后尽量把时间都用于如何去达成这个目标。当你每天大多数时间都能投入到你最想实现的目标行动上时，你就真正掌控了自己的每一天。当你能掌控好自己的每一天，也就能掌控好自己的一生，而这样的你，就是对自己人生的负责。

美国第三大投资管理咨询公司威尔・希尔集团公司的创始人丹尼斯・蒂托在2001年支付了2000万美元，让自己成为人类历史上首位自费的太空游客。这位成功的亿万富翁又实现了一个自己向往已久、别人特别羡慕的目标。

有人可能觉得幸运女神也太眷顾丹尼斯・蒂托了。然而，他并不是生来就如此幸运的，相反，他也曾有过不堪回首的童年和少年。当年，他出生后不久就患上了一场大病，虽然奇迹般地活了下来，却留下了瘸腿的后遗症。他6岁那年，他父亲带着一个女人私奔，同时带走了家里全部的财产，然后留下他们三兄弟与母亲相依为命。

由于经济拮据，他8岁才上小学，因为成绩不好，再加上身体的残疾，他成为同学们经常嘲笑、捉弄的对象，为此他感到无比自卑。14岁，他本来有机会到纽约一所中学读书，并跟着该校最有名的老师学画画，没想到又一场大病降临到了他身上，这个机会便因此失去。

尽管如此，他依然不认命，他通过自己的努力拼搏，获得属于自己的人生。他索性退学，立下了“不出十年，我将成为美国最有钱的人之一”的目标。他拿着从亲朋好友处凑来的200美元来到了洛杉矶。

然而，在和别人合伙拼搏了一年后，他变得血本无归。这时，他开始反思自己，然后一边努力拼搏一边思考如何让自己真正地赚到钱。1993年，他和朋友合伙开了一家公司，当年便赚到了自己人生中的第一桶金：9000美元。1995年，他已经赚到100万美元。接着，他成立了一家投资管理咨询公司。再后来，他真的成为美国最有钱的其中一员，因此，实现当初立下的目标。

在回首过去那段努力拼搏的时光，蒂托也一定会非常感激那时候拼搏的自己。毕竟，正是那段时间的努力付出，让后来的自己拥有亿万财富和事业上的成功。这启示我们，如果你想让未来的你感激现在的你，就一定要及早开始努力拼搏，为未来的成功打下坚实的基础。只有这样，你才是真正对自己的人生负责，才是真正掌控自己的人生。

额外付出越多，额外回报越大

你是否留意过这样的现象：同时进入职场的两个人，三五年之后，在职场里的发展结果却有着很明显的差距，再经过七八年的发展后，差距大到令人吃惊的地步。曾见过两位同校同学毕业后进入同一家大企业工作，五年后，一位成为企业旗下的某家子公司的总经理，另一位居然还是普通员工！

究竟是什么原因令起步时方方面面条件差不多的两个人，在五年后产生天差地别的差距呢？是努力拼搏的程度不同，所以造成的结果不同。成为总经理的那个人，自从进入职场后，每天都主动地比其他同事多付出一点点。当额外的付出累积得越来越多时，额外的回报终有一天会“反哺”他。所以，他便取得比大多数同事更高的成就。而那位一直得不到提拔的同事，每天都只是被动地去工作，上司交给他的任务，他也能较好的完成，但是他从来不会付出额外的努力，所以，工作好几年也没有被提拔重用。

其实不仅仅是在职场里，在大多数领域，想要让未来的你感激现在的自己，你现在就要经常主动进行额外的付出。在某个大城市的某个社区附近有一个大型菜市场。在这个市场里有两位从同一个村子来的菜贩子。然而6年以后，同样是卖菜，却有了天壤之别：一个成了蔬菜批发商，手握300多万资金；另一个则因生意难以为继，只好又回到农村。

是什么决定了成与败呢？其实，他们之间的差别只有一点。那位蔬菜批发商，大家都叫他老蒋，而卖菜失败的人，大家都叫他老汪。让我们看看他们每天都是怎么卖菜的。

每天卖菜时，老蒋都要拿出一点时间把黄菜叶子和烂根去掉，把菜弄得即新鲜又整洁，让顾客看着就很舒服；老汪却从来不理会这一点，老汪只是把菜往地上一摊，乱糟糟的，就像是要被处理的隔夜菜似的。他认为卖菜怎么可能没有黄叶子、烂根呢。

每天卖菜时，老蒋都会多卖半小时，把菜尽可能的都卖出去；老汪则认为无所谓，今天卖不动，明天还可以继续卖。

就这样，老蒋和老汪从刚开始只有一点的差距，发展到后来差距越来越大，最终，一起进城的两个人，一个在大城市里站稳了脚跟，另一个只好返回农村。其实老蒋每天只是比老汪额外多付出了一点，但正是这每天额外多付出的一点努力，日积月累之后，帮助老蒋发展得越来越好。而老汪正是缺少了每天这一点额外付出，最终被淘汰出局。

想要未来取得大成就，现在开始就要每天比别人多付出一点。要知道，只有额外的付出才能有额外的回报，而额外的付出越多，额外的回报就越大。有个金牌推销员用一句话总结了他的成功经验：“想要比别人优秀，你就必须坚持每天比别人多访问5个客户。”“比别人多付出一点！”这是事业成功者高于平庸者的一大秘诀。

亨利·瑞蒙德在美国《论坛报》担任责任编辑时，刚开始周薪只有可怜的6美元，但他每天仍然平均工作13至14个小时。他曾在自己的日记里这样写道："为了收获成功的机会，我必须比其他人更扎实地工作。当我的伙伴们在剧院时，我必须在房间里；当他们在熟睡时，我必须在学习。"后来，他成为美国《时代周刊》的总编辑。

美国著名出版商乔治·齐兹12岁时就已经到费城的一家书店里当营业员。在那里，他工作勤奋，还常常主动做一些分外事。他说："我并不仅仅只做我分内的工作，而是努力去做我力所能及的一切工作，并且是一心一意地去做。我想让老板承认，我是一个比他想象中更加有用的人。"

事实上，许多人能获得事业上的成功，就在于他们每天比别人多付出了一点。很多时候我们不必比别人多付出许多，只需要比别人多付出一点就足矣！当你能保持"比别人多付出一点"的做事态度，渐渐地展露你的能力与才华，你就一定能从同龄人中脱颖而出。当你养成了"比别人多付出一点"的好习惯后，你就一定会比周围尚未养成这个习惯的人更加优秀，因为你已经具备了别人所没有的优势。这能使你无论从事什么行业都比别人赢得更多关注，获得更多机会。

付出多少，得到多少，这是众所周知的因果法则。也许你的投入无法立刻得到相应的回报，但请不要气馁，而是要一如既往地多付出一点。在未来的某一天，回报可能就会在不经意间以出人意料的方式出现。因为，你付出的努力就如同是你存在银行里的钱，当你需要的时候，它就会随时地为你服务。

那些有着比周围的人更高目标的人，总是愿意多付出一些。因为这类人都懂得"额外付出越多，额外回报越大"的秘诀。也许在斤斤计较的人看来，总是乐于额外付出的人真的"很傻"。但无数的事实证明，"很傻"的人往往更容易功成名就，名利双收。很多时候，多付出一点，命运就会改变。因为多付出一点就多了一些机会，如果你每天都多付出一点，你就每天都比别人有着更多的机会。

如果你希望将来的自己感激现在的自己，那么，就请每天多做一些额外的付出，如此日积月累之下，将来你获得的回报一定会非常巨大。当将来的你享受到巨大的回报时，一定会非常感激现在每天都努力拼搏、额外付出的你！

多做有价值的事，努力成为想成为的人

我们已经知道，现在我们如此努力拼搏，为的就是让将来的自己感激现在的自己。因为现在通过努力拼搏创造出来的成果与荣耀，都会被将来的自己拥有和享受，所以将来的自己肯定会非常感激现在的自己。而要想让将来的自己非常满意所得到的成果与荣耀，现在最应该努力去做的事就是自己真正想做的事，能对自己真正有价值的事，能帮助自己成为自己最想成为的人的事。

在现在这个时代里，专业不对口越来越成为一种普遍的职场现象，于是，“做自己想做的事”就变成很多人发自内心的渴望。无论在社会中还是职场里，很多人每天都忙忙碌碌，但他们中大多数人所忙碌的事，都不是自己最想做的事，而是不得不去做的事。因为这些事虽然不是自己最想做的，却是自己获得薪水的必要付出。

还有一部分人其实在工作之外有很多空闲时间，然而，他们并没有去做那些可以让自己成为最想成为的人的事，而是用在享受安逸生活上。例如，

有很多人在下班回家以后和周末时，会把时间都用在上网追剧上，或者呼朋唤友去唱歌聚餐上，或者去逛街购物上，或者去电影院看电影上……这些都无可厚非，但对未来成为你想成为的人这件事上没有什么帮助。

我们提倡每个人都尽可能地去做自己最想做的事情。但这里所说的“事情”，并不是那些自己虽然极其想去做，但做得越多对自己越有害的事情，例如玩网络游戏、抽烟喝酒、赌博、看武侠小说、言情小说之类的事情，都是很多人想做的事情，然而这些事情做多了对自己只有坏处没有好处。我们所提倡的事情，是那些你很感兴趣、很想去做同时你做得越多对自己越有好处、产生的回报越大的事情。例如，你特别喜欢研究历史，那么你研究得越多越深入越透彻，你就越有可能成为历史学领域的一位权威专家。又如，你最想做的事情是植树，然后你去我国西北荒山去植树，当你种植的树越多，你对国家的贡献越大，你受到的尊敬和收获的荣誉就越多，更重要的是，你的成就感和满足感会越来越多。

我们常说“兴趣是最好的老师”，一个人渴望去做自己想做的事，是因为他的内心会为这样的事情而热血沸腾，激情燃烧，这样强大的动力是做好一件事情的首要条件。当然，只有很想做一件事情，我们才会愿意主动投入大量的精力与时间，也才会在遇到任何困难都绝不退缩，绝不轻言放弃，而是想方设法去战胜困难，甚至在没有外力帮助的情况下也能坚持做下去，直到成功。另外，也只有在做自己特别想做的事情时，才会尽可能地杜绝时间的无谓浪费，更容易看到成效。

无数事实证明，那些做着自己最想做的事情的人，既收获了快乐，又收获了事业的成功。英国著名哲学家、数学家以及诺贝尔文学奖得主罗素就是典型的代表。罗素的成就世人皆知，但他在童年时的厌世情绪却鲜为人知。罗素出生在一个贵族家庭，祖父曾两次出任英国首相。可童年时的罗素却总觉得自己很不幸福。在5岁那一年，他经常感觉人生未来的路是如此的漫长、厌烦又无聊。这种情绪积累到10岁时，他的内心便不断地闪现出轻生的念头。他一直想自杀却没有真的去付诸行动，完全是因为他十分迷恋数学，想多学一些数学。

从11岁开始，罗素就沉迷在数学研究这件事情上，甚至忘记自己过去这几年经常想要自杀的念头。在往后的几十年时间里，罗素废寝忘食地钻研数学，结果不仅从中获得了很大的快乐与享受，还因此取得了显著的成就。后来，罗素的兴趣日渐广泛，并针对战争、和平、教育、伦理、人生等问题发表了大量有影响的观点。他甚至还获得了1950年度的诺贝尔文学奖！就这样，每天都做着自己最喜欢的事情的罗素，一直快乐地活到九十多岁。正是做自己最想做的事，从而使曾痛恨生活的罗素变成一个热爱生活的人。

在现实生活中，总有一些打着“为孩子好”的旗号的父母，费尽心思地替孩子设定好将来要走的每一步路，以为这样就能够让孩子不走弯路或者少走弯路，然后更快地抵达成功的彼岸。这类家长在孩子很小的时候，就爱把自己的想法强加给孩子，全然不顾孩子的兴趣和愿望。这样做的结果，非但没能把孩子培养成“龙”成“凤”，还让孩子逐渐朝着厌学的方向发展。

做家长的是应该管好自己的孩子，但不应该对孩子的所有事情都大包大揽，只需要把孩子引导好，让孩子健康成长，然后鼓励孩子去做孩子感兴趣的事情，不断让孩子的优势、长处得到巩固与发展，成长与提升。例如，你的孩子非常喜欢写作，你却非要替孩子规划好未来的路线，让孩子去学物理；你的孩子在下国际象棋上很有天赋，你却非要让孩子未来当一个化学家，如此南辕北辙的事，到头来只能是一场空，孩子的天赋、优势被浪费、被埋没，你也没能让孩子在你规划好的路线上做出出色的成就。

对于我们个人来说同样如此，如果你最感兴趣并且最有天赋的事情是打台球，你完全可以努力往这方面发展。当你在打台球这件事上努力到无能为力时，假以时日，说不定你就是“丁俊晖第二”，甚至比丁俊晖还要出色。

对自己不喜欢的事情、不想做的事，我们总是很难投入热情与时间，甚至会有意回避与拖延。这样做的结果只能是既浪费了时间，又什么也没有得到。而一件花费很多时间与精力都没有回报的事情，是不值得去做的，放弃它是最佳的选择。

相反，那些你真正想做的、感兴趣的、值得去做的事，往往在花费了大量的时间与精力后，会有巨大的回报。事实上，仅仅是这件事做成功后给我们带来的满足感与成就感，就足以让我们感到在这件事情上的所有付出都是绝对值得的。所以，我们一定要尽可能去做我们很感兴趣、很喜欢做、很有价值的事，这样我们不但能从中获得巨大的乐趣、回报，还更容易把自己变成自己最想成为的人。

现在多下“笨功夫”，将来更能被机会眷顾

世间的聪明人成千上万，但最后能成功的却只有极少数。而很多在大家眼中不那么聪明的人却可以先人一步摘得成功的甜美果实。为什么会这样？因为那些看似不那么聪明的人下的“笨功夫”更多。可能有些人会对此感到非常疑惑，成功如果就是靠多下“笨功夫”，那成功秘诀还有什么神秘可言，不就完全可以复制了吗？但事实上，因为每个人的自身条件不同，成功几乎是不可能复制的。

有些人认为，成功一定是聪明人找到捷径的结果。其实这是一种误解。即使是那些取得成功的聪明人，也是因为肯多下“笨功夫”的缘故，而不是完全依靠他们的天赋。肯下“笨功夫”，是一种对正确事情的投入与专注。肯下“笨功夫”，往往才是成功的真正捷径。因为所有伟大成就的诞生都告诉世人，该走的路必须要走，该付出的努力必须要付出。而绝大多数看似很轻易地成功，其实成功者在不为人知的时候，已经付出了足够多的努力。

如果你想让未来的你感激现在努力拼搏的你，就一定要多下“笨功

夫”。下“笨功夫”，是欲取得成功所必要做的事，必走的路。下“笨功夫”是一种付出与投入，一种对必须要做的事情所进行的时间、精力等的付出与投入。

哈佛大学关于“天才”的定义是：勤奋、拼搏、学习和积累。西班牙19世纪最伟大的小提琴家萨拉萨蒂被认为是“天才”。对此，他说：“天才？37年来我每天苦练4个小时，现在有人叫我天才？”他每天坚持不懈练习的习惯使他取得事业上的辉煌。英国天才球星贝克汉姆的教练说，贝克汉姆之所以能够脱颖而出成为一代球星，与他的勤奋密不可分。贝克汉姆每次训练的时候，都要比其他队员晚半个小时结束，在这半个小时内，他不停地练习射门，一年下来，他比别的球员多出近万次的射门练习。他那临门一脚的百发百中，就是这样训练出来的！无论是萨拉萨蒂还是贝克汉姆，世人都称他们为“天才”，然而，事实证明，他们是因为长期下“笨功夫”，所以才成为“天才”，而不是天生就是“天才”！

马尔科姆·格拉德威尔是《纽约客》杂志的正式撰稿人，当他连续出版了三本改变普通人观点的畅销书后，便在欧美国家乃至全世界都变得有名起来。在他出版的名为《超凡者》的书里，他在“成功、天才”等概念上发表了自己独特的见解。他认为，人生来的才能和一定的知识固然重要，但天才并非是唯一或者最为重要的东西，真正有用的是实践经验。例如，比尔·盖茨之所以能成功，主要是因为他上了一所能提供给他大量时间练习做计算机程序设计的大学，也就是哈佛大学。事实上，在创业之前，比尔·盖茨就已经在计算机程序设计上投入了一万多个小时。

又如，英国披头士乐队的成员们无疑都是音乐天才，但他们也确实比别人付出了更多的努力。他们后来能成为风靡世界的“披头士”，主要原因是他们曾被偶然邀请去德国汉堡做过一段时间的表演。在汉堡那段时期，他们一个晚上要演出5个小时，一个星期要演出7天！正是这段演出经历的磨炼，帮助他们最终绽放出夺目的异彩。

马尔科姆·格拉德威尔在《超凡者》里指出，成功不是个人天才的必然结果，而是由许多其他因素，如家庭、朋友、历史、地理、环境、文化与各种偶然因素综合的结果，是各种有利条件逐渐积累的成果。有的人智商极高，但最终却因为缺乏其他因素而成为凡夫俗子。例如，在美国密苏里州一个乡村养马场里有一个名叫兰甘的人，智商高达195（爱因斯坦也只有150），可在他成长的环境里没有任何人、任何因素能帮助他使其超凡天资得到发挥，所以他一直没有作为。

所以，马尔科姆·格拉德威尔在《超凡者》里提出了这样一个观点：无论是火遍全球的摇滚明星、屡次夺冠的职业运动员、通过设计和销售计算机软件而成功的亿万富翁、还是任何一个别的天才人物，没有任何一个人是能够轻轻松松取得成功的。另外，所有人的成功首先都要归功于“一万小时准则”，换言之，任何领域成功的关键都与天才无关，关键在于实践，在于一万个小时的实践，在于十年零一周又二十小时的长期磨炼。

也许有很多人并不认同马尔科姆·格拉德威尔的上述观点，然而，他研究发现的这套成功方法，本质上就是一种下“笨功夫”的好方法。所以，他的观点其实是很有道理的。当然，中国古代早就有了不少类似于“一万小时准则”这样的经验总结，例如“十年磨一剑”“板凳要坐十年冷”“不经一番寒彻骨，怎得梅花扑鼻香”“头悬梁，锥刺股”“凿壁偷光”“囊萤映雪”所总结的经验和所说的故事，本质上就是“一万小时准则”。而这些准则、经验和实践，其实都是在下“笨功夫”。可见，“笨功夫”是欲取得巨大成功所必不可少的条件。

有些不肯下“笨功夫”的聪明人可能会想到比较好的办法，但是这个办法并不能保证自己的成功，而且这个办法如果没有以下“笨功夫”作为基础，就会如同为了赶工期而加快速度的大厦一样，看起来速度加快，工期缩短，但因为赶工期，结果导致地基不稳，原定二十层的大厦修到十层的时候就出现倾斜。这个时候，是接着往上盖，还是采取加固措施呢？当然应该是后者。而这样做的结果，不但没有赶出工期来，反而因为要进行返工与加固措施而拖延了工期。更要命的是，质量还不过关。

所以，好办法加上肯下“笨功夫”，才是成功的双保险。可见，下“笨功夫”不是在浪费时间，而是在为自己将来“起飞”打好坚实的基础。一旦基础夯实，方方面面都准备好，自然能让自己的事业一飞冲天。所以请切记，现在多下“笨功夫”，将来基础更坚固，实力更突出；现在多下“笨功夫”，将来更能被机会眷顾。

第三章

胆识

敢于直面苦难，勇于追求机会

当机会来临时，你是否敢于尝试

亚洲一家穷人，在经过了几年的省吃俭用之后，他们积攒够了购买去往澳大利亚的下等舱船票的钱，他们打算到富足的澳大利亚去谋求发展的机会。

为了节省开支，妻子在上船之前准备了许多干粮，因为船要在海上航行十几天才能到达目的地．孩子们看到船上豪华餐厅的美食后都忍不住向父母哀求，希望能够吃上一点。可是父母不希望被那些用餐的人看不起，就守住自己所在的下等舱门口，不让孩子们出去。于是，孩子们就只能和父母一样在整个旅途中都吃自己带的干粮。

其实父母和孩子一样渴望吃到美食，不过他们一想到自己空空的口袋就打消了这个念头。

旅途还有两天就要结束了，可是这家人带的干粮已经吃光了。被逼无奈，父亲只好去求服务员给他们一些剩饭。听到这位父亲的哀求，服务员吃惊地说：“为什么你们不到餐厅去用餐呢？”父亲回答说：“我们根本没有钱。”“可是只要是船上的客人都可以免费享用餐厅的所有食物呀！”听了服务员的回答，父亲吃惊得几乎要跳了起来。

如果他们当时肯问一问，就不至于一路上都啃干粮了。他们不去问船上的就餐情况，最根本的原因就是他们没有去问的勇气，因为他们早在自己的心里就为自己立下了一个界限——穷人没钱是无法去豪华餐厅里享受美味食物的，于是，他们就错过了十几天享受美食的机会。

由于没有勇气尝试而无法获得成功的事情又何止这些！也许你几番尝试，最终也不见得就会取得成功，但是如果你不鼓足勇气去尝试，那就永远没有成功的机会。

很多穷人抱怨上天不给予自己成功的机会，感慨命运捉弄自己．其实机会就在他们身边，只是因为他们自己害怕困难而自行放弃了，而机会一旦丧失，就很难重新拥有。这也止是那些穷人经常无法成功的原因。很多时候，只要积极地尝试过、努力过，纵然没有取得成功，你也拥有了经验，而且你的精神意志也会在不断地尝试过程中渐渐得到锻炼和提升。

真正的富人在每个机遇来临的时候，总是积极地迎接，大胆地尝试，全身心地投入去开拓，去完美；在多数人还不认可的时候已经付出了辛勤的汗水和心血，甚至是在多数人鄙夷的眼光中成功的。

想做就去做！只有做了，你才能真正懂得它对你意味着什么，敢于尝试是开启成功大门的钥匙，好运就在尝试中出现。

莎士比亚曾说：“本来无望的事，大胆尝试，往往能成功。”是的，如果人类不敢尝试，现在也许还生活在树上；如果人们不敢尝试，也无法成为世界的主宰；如果人们不敢尝试，现在也许还生活在黑暗中；如果人们不敢尝试，也许在几千年前就已经灭绝……太多的“也许”，让我们不得不相信尝试的力量。

敢于尝试是发明创造的前提，更是成功的前提。著名作家契诃夫曾写过："路是由人的脚走成的，为了多开辟几条路，必须多向没有人的地方走。"只有在别人没有探索过的领域，大胆尝试，才会取得巨大的成功；即使是希望渺茫的事，只要敢于尝试，也能看到希望。

1814年，英国人史蒂芬孙制造出了世界上第一辆蒸汽机车。这辆蒸汽机车不仅样子丑，还特别笨重，走得很慢。为了测试它的车速，有人驾一辆漂亮的马车跟它赛跑，结果，蒸汽机车落在了后面，还将路基震坏了。可是，史蒂芬孙没有灰心，经过无数次的改进，终于发明出了原始火车。如今，马车依然在以同样的速度转动着轮子，而火车却在铁轨上飞速前进。

试想一下，如果史蒂芬孙因为蒸汽机车的失败而灰心，那么今天就不会有高速飞驰的火车了。正因为他敢于尝试，不怕失败，才造就了今天高速飞驰的火车。

失败，来自缺乏尝试。在成功者眼中，尝试等于失败，都是成功必不可少的一种条件；在失败者眼中，失败不等于尝试，而是一座不可逾越的大山，永远阻挡着前进的自己。

谈到这一点，笔者就不禁想起2005年前后非常火爆的选秀节目"超级女声"。而这个节目的主题曲《想唱就唱》至今令人难忘，尤其是这几句："想唱就唱要唱的响亮，就算没有人为我鼓掌，至少我还能够勇敢地自我欣赏。想唱就唱要唱的漂亮，就算这舞台多空旷，总有一天能看到挥舞的荧光棒。"

从当年开始一直到现在，依然有不少人说"超级女声"庸俗，该节目可能会让每个人都梦想着一夜之间能成为明星，从而导致青少年们的追求变得盲目而不切实际。这些人的看法从某些角度上看也不算错，但从积极的角度看，“超级女声”的火爆，恰恰证明了“勇敢去追求梦想，哪怕这个梦想很不切实际”这件事是一个开放社会所容许存在的现象。

为什么就不能梦想成为明星？为什么就不能一夜成名？事实上，“超级女声”当年之所以能带来万人空巷的盛况，正是因为它为观众们提供了这样一个平台，虽然它无论在形式上还是内容上都有很多值得商榷之处，但是借此平台人们却可以在一个相对透明与公平的环境下，见证一个又一个敢于梦想、敢于面对挑战的年轻人走上一个象征意义上的人生竞争舞台。

这些经过激烈竞争洗礼的女生，即使以后不去唱歌，谁又敢说她们在其他行业里不会成为佼佼者呢？至少她们是敢于梦想的，至少她们是敢于去实践的。

爱默生说过：“放手去做，你就会有力量。”生命本身就是奇迹，每个人都可以勇敢地去梦想，勇敢地创造奇迹。IT业著名预测专家尼葛洛庞蒂曾说过这样一句非常著名的话：“预测未来的最好方法就是创造未来。”是啊，还有什么比创造未来这件事情更有吸引力呢？还有什么比参与到一个伟大的时代之中更激动人心呢？“超级女生”们只不过是参与到了一个伟大的时代之中，只不过是创造了当年的一个未来，所以这个节目当年才会如此有吸引力，令亿万观众内心无比激动。

苹果公司创始人乔布斯曾说过这样一句名言：“活着就为改变世界。”当看到这句话时，也许有人会问：“我做什么事情才可以改变这个世界？”无数事实证明，几乎任何事情都可以改变世界，只要你有雄心壮志，只要你敢做，只要你把一件事情做到极致。

任何一位后来改变了世界的人，在没有成功之前，都是普普通通、平平凡凡的人。他们之所以能创造奇迹，首先是他们有胆量迈出第一步，敢于改变一些事情。更难能可贵的是，他们能以无比的自信与无畏的勇气一路走下去，直到最后达成先前所企望的理想。于是，这些人就成为世人所景仰的英雄、伟人。

有些人也许认为他们之所以能取得成功，是因为机会的眷顾。这种看法非常偏颇，因为任何人都曾经遇到过机会，只不过大多数人在机会来临的时候，都不敢尝试，甚至连想都不敢想，所以最终与机会失之交臂。那么，对于你来说，若有人问你“当机会来临时，你是否敢于尝试”这样的问题时，你会怎样想，又会怎样做？

绝不逃避，敢于直面困难、痛苦与残酷

有个人以为做销售很赚钱，因为提成高，所以通过应聘进入一家销售公司上班。然而，他并不喜欢销售这项工作。对做好这份工作更不利的是，他不敢跟陌生人打交道。每次当他不得不打电话给某个陌生的潜在客户时，他都希望那个人不在。既想得到好结果，又不适合做这份工作，可想而知他内心的痛苦与折磨。

然而，该面对的问题终究还是要面对的，逃避完全没有用。如果只想着逃避，却不能勇敢地直面问题，然后想方设法解决问题，问题就会越积越多，最后积重难返。这个人最终还是发现销售这项工作不适合自己，于是主动辞职离开这家公司。

在生活中，喜欢逃避的人很多，有的人喜欢逃避责任，有的人爱逃避痛苦，有的人会逃避考试，有的人会逃避请客，有的人会逃避婚姻，有的人会逃避老婆，有的人会逃避父母……总之，就是逃避他们不想面对的事情，或者逃避所有他们不敢见的人。

无论是逃避什么事情或者逃避什么人，都是“鸵鸟心态”在作怪。鸵鸟喜欢把头埋到沙里，然后就以为敌人看不见自己。这无疑是一种自欺欺人的做法。正因为鸵鸟有这种令人觉得非常可笑的做法，所以才有“鸵鸟心态”这个词。于是我们知道了，鸵鸟心态是一种逃避现实的心理，也是一种不敢面对问题的懦弱行为。

在生活中，你是否经常听到类似这样的说话句式：“这不是我的错”“我不是故意的”“本来不会这样的，都怪……”“我不习惯……”这些人们常常使用的说话句式所表达的意思，本质上都不过是一种逃避。只不过，这种通过找借口来逃避的方式，往往能让当事人侥幸逃脱责任，所以令这些人甚至会为自己的“小聪明”得逞而自鸣得意。这种心理的强化，也使得这些借口得到了广泛的使用。正是这类“免罪”式借口经常能获得部分或完全的成功，所以令人们想要逃避责任的时候，就马上会想到使用这种手段。

可是，随着编造借口逐渐习惯，撒谎技巧渐趋熟练，这些人就会变得恶习难改了。养成逃避公正的谴责而撒谎的习惯，等于做出一个危险的选择。踏上这条“不归路”后，这些人就很难再有其他选择了。

美国著名华裔地理学家段义孚在其著作《逃避主义》一书中这样写道：“谁不曾有过逃避的想法？但逃避何物，逃往何处？一旦我们来到一个美好的地方，那么，这个地方是否就是我们迁移最后的目的地？我们是否还会被另一个逃避的愿望所吸引，而再次迁徙到别处？”确实，逃来逃去，我们最终还是逃不掉，虽说人类文明的发展很大一部分是由于人类对“苦难”的逃避，但最终我们还是要面对。

有些人认为遇到困难选择逃避，然后换一个环境就可以远离困难。但现实告诉我们，这是不可能的，无论你怎么逃避，困难也不会凭空消失。甚至，你极力逃避的一切很可能会如影相随，令你挥之不去！可见，逃避不是办法，直面困难，想方设法解决掉，才是最好的出路。

人生在世，谁能不遭遇各种各样的困难呢？谁会没有烦恼与痛苦呢？谁会没有恐惧而想逃避的时候？然而，如果说有什么东西能让人类活得更真实一些，那就是生命的坎坷、残酷或苦难。既然烦恼、痛苦、焦虑、坎坷、失败、残酷、困难……这些我们都无从逃避，那么我们究竟应该怎样做呢？鲁迅先生早已告诉了我们答案："真的猛士，敢于直面惨淡的人生，敢于正视淋漓的鲜血。"

有哲人说过，人生有两种痛苦，一种是努力的痛苦，一种是后悔的痛苦，但后者却大于前者千百倍。人生的确有很多东西让我们痛苦万分，但你是否有勇气与胆量来面对这样的痛苦呢？真的猛士，在现实中又有多少？能正视生活残酷的，又有多少？很多人是比较喜欢和善于逃避的，这一点同样被鲁迅先生发现和总结了出来，并以此为原型为我们创造了一个叫"阿Q"的人。阿Q最爱用的就是精神胜利法，在使用该方法的时候，他总能让自己在卑微的处境中得以自我安慰。

令人遗憾的是，精神胜利法本质上是一种无力从现实生活中获得需求，转而从虚幻的精神中得到满足的精神状态，是一种典型的逃避现实主义。所以，精神胜利法偶尔用用无伤大雅，但若是经常使用，只会让自己成为一个逃避主义者，一个典型的失败者。

人生在世，每个人都需要经常与困难周旋。但困难对于每个人来说，积极意义远大于消极意义。有压力才能有动力，如同用手掌向下拍打一个篮球，向下的压力越大，反弹力就越强，篮球蹦得也就越高。可见，用积极的态度、眼光去看待困难，就会发现，困难不但不会销蚀我们的斗志，反而更能激发我们的斗志。

切记，当狂风暴雨来临时，恐慌已于事无补，逃避不能解决问题，只有鼓起勇气，直面困难，才能闯过难关，迎接更美好的未来。

改变世界的，往往是敢去冒险的人

很多人都知道“机不可失，失不再来”这句话，但当机会到来时，却很少有人能抓住机会。很多人是只有当机会从自己身边溜走，才发现机会来过；还有一部分人明明看到机会已经跑到自己面前，但偏偏不敢去把握，结果机会就这样被其错过。

机遇对任何人都是公平的，关键在于机遇到来时，你能否发现并且敢于和能够抓住。如果你发现不了机遇，那说明你欠缺眼光；如果你发现了机遇却不敢去抓，那说明你欠缺胆量、勇气；如果你既能发现机遇又敢去抓机遇，但最后却没有抓住，那说明你欠缺能力。如果你发现不了机遇，一切都无从谈起；如果你欠缺能力，但能发现和敢于去抓机遇，你完全可以聘请别人来帮助你。所以，能不能抓住机遇，关键在于你有没有胆量与勇气。

为什么有很多人不敢去抓机遇呢？因为机遇的出现，往往伴随着风险。有些人即使看到了机遇，但发现旁边还“坐着”风险，所以就退避三舍，不敢再打机遇的主意了。胆量太小、勇气不足的人，往往在机遇来临之时踌躇不前，瞻前顾后，结果最终什么事也没干成。我们虽然不赞成赌徒式的冒险，但任何机遇都有一定的风险性，如果因为怕风险就连机遇也不要了，无异于因噎废食。研究发现，凡成大事者，无不慧眼独具，既能在机遇里看到风险，更能在风险里抓住机遇。

美国金融大亨约翰·摩根就是一个很善于在风险里抓机遇，然后把机遇转化为巨大收益的人。约翰·摩根在美国一个富商家庭出生。1600年前后，当摩根家族从英格兰迁到北美大陆时，美国还没有建立。

到北美后，约翰·摩根的祖父约瑟夫·摩根开了一家小咖啡馆。积累了一定的资金后，他又开了一家大旅馆。接下来，他既炒股票，又参股保险公司。但约瑟夫·摩根后来能发家致富，关键靠的是胆识。有一次，纽约发生火灾，损失惨重。保险投资者们惊惶失措，纷纷要求放弃自己的股份以求不再负担火灾保险费。约瑟夫从危机与风险中发现了机会，于是下定决心，买下了保险公司的全部股份。然后，他把投保手续费大大地提高了。尽管他提升了投保手续费，但当他还清纽约大火赔偿金后，他保险公司的信誉倍增，投保者纷至沓来。这次纽约的火灾，反而使约瑟夫净赚15万美金！正是这些钱，奠定了摩根家族的基业。

约翰·摩根的父亲吉诺斯·摩根也是一名商业高手，专门经营债券与股票生意。在这样的家庭氛围与商业熏陶下，约翰·摩根从青少年时代开始便敢想敢干。大学毕业后，他没有马上回家族企业帮忙，而是去了邓肯商行上班。

上班后不久，他被派到古巴哈瓦那，去为邓肯商行采购鱼虾等海鲜。在回美国后，途经新奥尔良码头时，他下船在码头一带兜风。这时突然有一位陌生人从后面拍了拍他的肩膀，然后问道：“先生，想买咖啡吗？我只要半价。”“半价？什么咖啡？”摩根疑惑地看着对方。

陌生人马上自我介绍说：“我是一艘巴西货船的船长，为一位美国商人运来了一船咖啡，可是货到了以后才发现那位美国商人已经破产了。这船咖啡只好在此抛锚……先生，您如果买下这些咖啡，就等于帮了我一个大忙，我情愿半价出售。但有一条，必须现金交易。我看您像是一个生意人，所以才找您谈的。”摩根看了咖啡，发现成色很不错。当看到价钱如此便宜后，摩根毫不犹豫便决定以邓肯商行的名义买下这船咖啡。于是他马上给邓肯商行老板发了电报。然而邓肯商行老板却回电报让他立即撤销交易。

摩根虽然很不开心，但想到邓肯商行毕竟不是他摩根家的，所以没有回电报给邓肯商行争取一下。但是，摩根还是很想做这笔生意，于是便向当时正在伦敦的父亲求助。吉诺斯给他回电报说，同意他用自己伦敦公司的户头偿还挪用邓肯商行的欠款。摩根大为振奋，索性放手大干一番。在巴西船长的引荐之下，他又买下了其他船上的咖啡。

摩根冒险买下这批咖啡后，好运气居然马上降临到他身上。原来，他买下咖啡后没几天，巴西那边便出现了严寒天气，结果当地咖啡产量大幅度减少，造成咖啡价格暴涨。他因此发了一笔大财！

摩根的父亲建议儿子自己开一家商行，如果资金不足，随时可以从自己这里支取，作为投资给他的资金。于是摩根商行成立。这一年是1862年，美国南北战争正打得不可开交。有一天，摩根新结识的朋友克查姆前来与摩根闲聊。克查姆是美国纽约华尔街一位投资经纪人的儿子。一见到摩根，克查姆便神秘地说，他父亲最近在华盛顿打听到一个可靠的消息，那就是北军伤亡惨重，如果现在这个时候有人能大量买进黄金，汇到伦敦去，肯定会大赚一笔。

胆大心细、善抓机遇的摩根被克查姆说得动心了，于是提议克查姆和自己一起去做成这笔生意。克查姆早就想干这件事，便把想好的计划告诉摩根，具体是这样的：先跟皮鲍狄先生打个招呼，通过他的公司与摩根商行共同付款的方式，秘密购买四五百万美元的黄金；然后将买到的黄金一半汇到伦敦，交给皮鲍狄，剩下一半摩根和克查姆自己留着。一旦皮鲍狄黄金汇款之事泄露出去，而政府军又战败时，黄金价格肯定会暴涨；到那时，摩根和他就可以光明正大地抛售手中的黄金，这样肯定能大赚一笔。

摩根迅速分析这笔生意的风险程度，觉得没有什么问题，便爽快地答应了克查姆。一切果然按照克查姆的计划发展。正如他们所料，秘密收购黄金的事因汇兑大宗款项走漏了风声，社会上便开始流传大亨皮鲍狄正在购置大笔黄金的消息，由此推断出“黄金非涨价不可”的结论，于是这种言论迅速流行了起来，并很快形成了争购黄金的风潮。人们一抢购，金价必然飞涨。摩根感觉机会已到，便迅速抛售了手中所有的黄金，结果可想而知。

从那时候起100多年间，摩根家族每一代人都和上一代人一样，不断地冒险，不断地把握机遇，创造机遇，利用各种机遇不断积累财富，最终打造出了一个强大的“摩根帝国”。

机遇常常有，尽管总是和风险结伴而行，然而，只要你敢于冒险，抓住机遇，就必定会收获巨大的回报。古往今来，没有任何一个成大事者是不经过风险的考验的。不经历风雨，怎能见彩虹；不敢冒风险，怎能抓住机遇？当机遇到来时，我们要学会发现它和勇敢地抓住它，这样才能化机遇为巨大的财富。

切记，机遇稍纵即逝，犹如白驹过隙，所以发现机遇后，一定要果断出击，迅速抓住它。否则，机遇过去后，就只会徒留遗憾。改变世界的，往往是敢去冒险的人。那些人之所以敢去冒险，其实已经做好准备了。正因为他们已经有了足够的实力准备，所以当机遇到来时，他们才抓得住。所以，在机遇没出现之前，一定要努力提升自己的能力，使自己有足够的能力，当机遇出现时，就把机遇抓得牢牢的。同时，我们也一定要培养自己的胆量和眼光，使自己能发现越来越多的机遇，同时还敢于去抓住机遇。

世界处处是竞争，唯有勇者成赢家

曾在一本名叫《零度生存境界》的书里读到这样一个故事，读完后笔者内心感受到了某种震撼，所以想用自己的语言转述过来，和大家分享一下。

这个故事说，有个人去世以后来到天堂门外，却迟迟没能进到天堂里面去。为什么他去世后能上天堂，是因为他一辈子都没有害过人，甚至连一只蚊子都舍不得打死。他从来都不与他人争斗，可从小到大都被别人欺负。小时候，他经常被小伙伴们当马骑，但他一直都没有反抗；长大后，谁都敢欺负他，而他总是逆来顺受。无论别人怎么对他，他都不生气，他觉得自己就像一株野草一样活了一生，然后慢慢变老，悄无声息地死去，最后就来到了天堂门口。

到了天堂门口，他发现前面排了长长的队，大家你拥我挤，仿佛都想早点通过那道大门，进入天堂里面享福。虽然别人都争着想早点进去，但他却根本不想和这些人争。于是，他一个人排到了队伍的最后面。前面不断有人在插队，甚至为了往前多排几个位置而打了起来。过了好一会儿，混战才平息。而他呢，不但不敢插队，每当有人向他请求把他的位置让给他们时，他都答应。每每这个时候，他都只好重新排到队伍的最后面。

他在这里有着很好的名声，而所有新来的人，几乎都排到了他前面，他永远都排在队伍的最后面。就这样过了几个世纪，他依然没能进入天堂里面去。这时候，虽然他也开始有些不耐烦了，但却不敢抗争，只能默默忍受。所有来到天堂门口的人都说他的脾气好，但到后来，却有越来越多排队准备进入天堂的人开始取笑他，就像几个世纪前他还活在人间时被很多人取笑一样。

有一天，他看到一位天使路过天堂门口，便壮着胆子问道："天使啊，我在这里已经站了几个世纪，为什么还进不到天堂里面去啊？"这位天使把他的情况告诉了上帝。上帝问天使："你说的就是那个永远排在队伍最后面的人吗？你让他到地狱去吧！"

当他听到上帝这样对他后，他彻底愤怒了。他跑去质问上帝，为什么不把天堂留给像他这样善良、仁慈、忍让的人。上帝回答他说："我更愿意把天堂给那些勇于进取、敢于奋斗的善良者，而不是什么也不干、一味消极地活着的、什么也不去争取的仁慈者。"不过，最后上帝有点可怜他，所以并没有让他去地狱，而是让他再次投胎回到人间。

重新回到人间后，他变成另外一个人，一个凡事都以积极的态度去面对的人。待他再次来到天堂的门口时，他也主动努力地争取尽早通过天堂的大门。很快，他便顺利地到了天堂里面。

生活在这个世界，很多事情都要去争，不争，凭什么你想要的东西会属于你？哲学家霍布斯曾说过："人对人是狼。"人与人相处，"争"是一种常态。君不见，能在历史书上留下自己姓名的，都是靠"争"才做到的。其实，“争”是人类的一种本能，为了让自己存活下去，人生来就有保护和防御的本能。凡是对自己有利的，就要争取；凡是对自己有害的，就会排斥。这些都是不用学习的本能，就连最低等的动物和植物也是如此。

西方人从不讳言这是一个“弱肉强食，物竞天择”的世界。他们从小就被灌输竞争意识。这种做法最典型的表现，就是很多孩子被父母师长逼着去打橄榄球，因为进行这项运动，特别能培养起一个人的竞争意识。在美国，会打橄榄球的年轻人将来进入职场后，在企业里会更容易谋求到职位和升迁。而能当上橄榄球明星的话，会即成为富豪。因此，橄榄球在美国的重要性远远超过了体育的意义，成为美国的象征。这告诉世人，美国是一个处处都是竞争且鼓励竞争的国家。

如何在竞争中取胜，并能长久地立于不败之地，以及如何才能有事半功倍的效果，是一个涉及人类生存、发展与生活的大命题。如今，中国早已进入“市场经济、商品经济”时代，我们随时随地都能感觉到周围很多人在竞争，即使有些人不喜欢竞争、不敢去竞争，也依然会被动地参与到竞争中去。既然无论如何都避免不了竞争，倒不如主动去参与竞争，并想方设法让自己成为大赢家。

为什么人类社会处处充满了竞争？因为“缺少”。因为缺少，所以引起竞争。正如本文开篇时提到的那个争着通过天堂门口的故事。为什么天堂门口也会有竞争存在？因为天堂里并没有足够的位置留给所有人，所以要竞争。

竞争既美丽又残酷。至于是美丽，还是残酷，要看你如何面对它。有的人不相信自己的实力，过分自卑，对于这样的人来说，竞争就是残酷的。有的人通过自己的努力，战胜了竞争对手，尝到了成功的喜悦，所以对于这样的人来说，竞争是美丽的。

索尼公司的创始人盛田昭夫说过：“尽管竞争有一些较为黑暗的东西，但在我看来，它是成功的推动力。”竞争是激励我们前进的最好动力。通过竞争，我们能更加清楚地认识这个世界，更确定自己的实力，更加成熟稳重，更有信心战胜一切困难，勇往直前。如果只是一味地逃避竞争，将永远不会取得胜利，更不可能成为赢家。

勇于并乐于竞争，是一个人能不断做出成就的主动原因。那些敢于主动参与竞争、勇于追求胜利的人，总是能朝着既定目标努力奋进。所以，他们最终成为赢家，在同行业里成为出类拔萃的人物。

如果你想成就辉煌的事业，过上美好的生活，就一定要主动参与到竞争中去，然后不断地想方设法胜出，一次又一次地成为赢家。这样，你一定能成为所在行业里的佼佼者，拥有辉煌的事业，过上令人艳羡的生活。

遇到挑战时，勇敢试一试

如果你想让未来的你感激现在的你，现在的你就一定要加倍努力，勇敢去追求那些你很想得到和必须要得到的东西。另外，在努力拼搏的过程中，你一定会遇到各种各样的困难与挑战。这时候，无论困难与挑战有多大，你也一定要勇敢地去试一试。因为不试你又怎么知道自己做不到呢？绝大多数时候，都是功夫不负有心人，当你努力去尝试了，想方设法去赢得一个挑战时，你都能成功！

如果你想拥有自己想要的东西，胆识与勇气不可或缺！很多时候，是获得你心中所想还是与你所向往的东西擦肩而过，往往就在一念之间。也许，当你鼓起勇气去试了，去争取了，你就得到了。事实上，很多事情只有当你试过，你才会发现，事情并没有你想象的那么难。

申勇刚上初中一年级时，是班里所有男生中个子最矮的。在一次体育课上，体育老师让男生们练习“跳山羊”（就是借奔跑的力量，双手按在一个叫作“山羊”的障碍物上，然后跨越过去）。站在“山羊”前面，申勇才发现这“山羊”几乎能碰到他的鼻子。他觉得自己无论如何也不可能跨过去。轮到他跳的时候，他仗着自己学习成绩好，在老师们那里“有面子”，于是向体育老师恳求道：“老师，这‘山羊’太高了，我肯定跳不过去，能不能降低一点呢？”

体育老师不但没同意，还很严厉地对他说：“你不试一试，又怎么知道跳不过去呢？”眼看没有商量的余地，他只能硬着头皮，按照体育老师的示范动作，朝着“山羊”跑去，然后双手撑在“山羊”上，之后他双脚便落到“山羊”另一边的海绵垫上。听见体育老师大声叫好，才知道自己成功地跳过了“山羊”。

几年后，通过自己的努力，申勇考上了大学。在大学二年级时，学校广播站选拔播音员，让每个班都推选一个人参加角逐。在班级选举中，申勇所在的班级一共有50人，最后申勇得到了48票。申勇看到这个结果后，诚惶诚恐，因为他从来都不认为自己有这个能力。再说了，如果在比赛里自己不能胜出，岂不是要丢全班的脸？然而赛程已定，他只好参加。这时候他突然想起初中时体育老师跟他说过的这句话：“你不试一试，又怎么知道跳不过去呢？”于是他毅然前去参赛。决赛后，他成功地被选为播音员。

虽然申勇就读的是师范大学，但从他毕业的那一年开始，学校已经要求毕业生自己找工作了。所以，他和其他同学一样，做好个人简历，然后去参加各种招聘会。在某场招聘会上，他发现有一家省级民办大学正在招聘教师，待遇非常优厚。但也正因为待遇很好，所以吸引了上千人应聘。他也拿了一份应聘表，把自己的个人情况都填了上去，然后交给该校人事部的工作人员。但对于这次应聘，他并没有抱任何希望。

没想到过了几天，那所民办大学居然通知他去面试。接到面试通知的，还有他的大学同学蓝小文。于是申勇约上蓝小文，希望一起去面试。但临行前蓝小文却退缩了，他认为应聘的人上千，其中有很大一部分是具备丰富教学经验的教师，但最终人家录用名额才70多个，即使参加了面试，他也不可能会被录用。而申勇并没有退缩，因为他又想起了初中时那位体育老师的话，决定去试一试。面试过程中，既有试讲环节，又有答辩环节。试讲的课讲完后，他便进行了答辩。在这个环节里，他赢得了评委们的三次掌声。后来，当他去到该校工作后，校长告诉他，在评委们的打分里，他的得分名列第一。申勇又一次感谢自己能勇敢地去试一试。

五年前的一天，申勇的一位老朋友、文史爱好者老俞跟他说，自己准备开始撰写一部关于大明王朝兴起与衰败的电视剧剧本，目标是用六年时间把这部剧本写完。于是，老俞把工作之外的所有时间全花在了剧本创作上，而且还花费不少钱购买各种明史资料。

过了一年，老俞寄了一部分剧本手稿给申勇，让申勇给他提一些建议。申勇认真地读了这部厚厚的剧本手稿后，认为写得非常好。申勇再次想到初中时体育老师对他说的那句“你不试一试，又怎么知道跳不过去呢？”于是立刻建议老俞联系图书出版商或者电视剧制作商，把这部剧本手稿推销出去。但老俞却对他说：“这些东西还十分粗糙，如果把这些没经过修改和定稿的剧本手稿拿出去，肯定会被别人拒绝的，毕竟他们都是专业人士啊！”

申勇还是想劝老俞接受自己的建议，但无论怎么劝，老俞最终还是没有采纳申勇的建议。后来，申勇也不好意思再劝他了，毕竟自己只能建议，不能替老俞做决定。

当老俞的创作进入第二年时，申勇听到一个消息，有一家影视制作公司已经在筹备一个关于大明王朝方面题材的电视剧项目，现在这部电视剧已经进入拍摄阶段。当他把消息告诉老俞时，老俞显然也已经知道了，沮丧地说道：“题材撞车，我这两年的光阴都付之东流了。”

后来，那部以大明王朝为主题的电视剧上映时，申勇认认真真地看完，然后又读了一遍小说。他发现，那部小说的文字、情节等确实都要比老俞写的手稿精彩与老到得多。但申勇却认为，假如老俞早一点把手稿拿出来，说不定能抢到一个先机，从心理感觉上，他也不会感到这样失败。

我们如今正生活在一个变数太多的时代，很少有一种东西能够恒久不变，包括你的作品、你的声音、你的容貌……待到它们完美无缺时，别人早已捷足先登、先入为主了。如果不能及时抓住机会，等机会过去了，就从此失去了这个机会。

其实，生活里的许多事情并没有想象中的那么难，往往是我们低估了自己的能力，只是不敢去试一试而已。因此，当我们遭遇到挑战的时候，先别忙着说自己不行，不妨勇敢地去试一试，试完了然后再说自己行不行。相信当你勇敢、努力地去尝试过之后，你会惊喜地发现，原来自己做得到！

怀着“不信邪”的勇气与智慧去拼搏

你是否发现，那些成就伟大事业的人、那些以弱胜强的人、那些逆袭成功的人、那些开创一个新时代的人、那些总能创新的人、那些总能解决困难的人、那些不畏挑战并战而胜之的人……他们的身上都有一股“不信邪”的精神。

什么是“不信邪”呢？“不信邪”是一种敢于打破固有思维模式的创新精神与拼搏精神，是我们面对困难时应该具备的态度。它需要我们积极开动脑筋，想尽一切办法，付出艰辛的努力完成任何一件事情，而不是为逃避责任寻找借口，为失败寻找托词。总认为“没有办法”或“不可能”，就只能使事情划上失败的句号；而怀着“不信邪”的精神不断地寻找解决之道，就一定能使事情得到解决，困境获得突破。

不信邪，那信什么？当然是信自己，绝对地相信自己。在现实中，总有一些人会直接或间接地告诉我们不要相信自己。例如，总有人要求孩子们按照父母或老师的要求去做事，于是孩子们渐渐变得不再相信自己。不管做任何事情都依照父母或老师的要求，只是因为“他们是这么说的”，结果孩子们变得越来越依赖父母或老师的指令，如果没有指令，他们就会变得无所适从。

又如，随着传媒工具的飞速发展，我们现在已经越来越迷失于海量的信息。于是，我们总试图去找与自己有同样遭遇的人群，向他们寻找经验。我们被从各个角度蜂拥而至的信息轰炸着，这些信息告诉我们千万不能相信自己的内心想法。因为你可能正犯着别人已经犯过的错误，所以你只需要看看做过同样事情的人的结果，就可以决定做还是不做。

不知道你是否觉得这一点荒唐至极？因为别人做不成，你也一定做不成吗？怎么会！别人做不成，不代表你做不成；你勇敢地去做了，无论遇到什么困难你都一一克服了，你就一定能成！如果你面对一项可能影响你一生的创业机会，而你又十分向往，却仅仅因为很多人都失败了，你就不敢去尝试了？那“人”的独特性又在哪？绝大多数时候，试一试又有何妨？即使失败了又能怎样？

我们就是要不信邪！因为不信邪，所以我们坚信自己的理想与信念，而理想与信念的坚定是工作的巨大动力，能使我们的行动更加果敢、有力，是我们在前进路上战胜困难的强大精神支柱和力量源泉。古往今来，凡是有作为的人无不具有坚定的理想与信念，而且大都立志于青年之时，追求于一生之中。

我们就是要不信邪！因为不信邪，我们才能在危机到来时敢于打破固有的规则，灵活应变，最终化解危机。当今社会的变化之快已超出了我们的想象，以往的任何经验现在都可能已经过时。所以在工作中，我们要与时俱进，使用最恰当的方法解决新问题。而恰当的方法来源于灵活应变的能力。

我们就是要不信邪！因为不信邪，我们才能不固执己见，做到从善如流。世界不断在变化，所以我们以前作为判断依据的标准，现在可能已经不再适用，但如果我们不能随着时代的前进而进步，只会用过去的旧标准来判断当下的新情况，于是便会出现种种偏差与错误，严重的话，还会造成巨大的损失。关于这一点，法国著名作家蒙田有一句话说得非常好："为什么不想一想，我们自己的看法常常充满矛盾？多少昨天还是信条的东西，今天却成了谎言？"

故步自封的陈旧观念是多么可怕而又显得多么愚蠢啊。第一次世界大战协约国总司令、法国高级军事学院院长福煦元帅对当时刚刚出现的飞机十分喜爱，他说道："飞机是一种有趣的玩具，但毫无军事价值。"而在1899年，美国专利局的一位委员下令拆除他的办公室，理由是"天底下能发明出来的东西都已经发明出来了。"1927年，时代华纳的创始人哈里·华纳坚定地说："哪一个家伙愿意听到演员发出声音？"1943年，IBM公司的董事长托马斯·沃森胸有成竹地说道："我想，5台计算机足以满足整个世界的需求。"

这些人都是他们所在行业的权威人士，但不要以为权威人士说的每句话都是真理。你可以想象这样一种情形：托马斯·沃森或者哈里·华纳行色匆匆，有一大堆的事情等着他们去处理，但几个还没搞到"新闻"的记者对他们穷追不舍，企图从他们的嘴里抠出一些"猛料"。万般无奈之下，托马斯·沃森或者哈里·华纳知道用什么来打发这些记者，所以痛快地甩出几句让记者们感觉有新闻可写的话，然后一头扎进自己的办公室。第二天，他们的话便上了报纸的头条。

权威人士也是人，是人就有可能会信口雌黄。如果普通人把成功人士的所有话都当作真理，那就太没有辨别能力了。不知道美国专利局的那位老兄是否因为“没有事做”而辞职，但托马斯·沃森却一直用心构建他的IBM蓝色帝国，而哈里·华纳也在有声电影时代继续着他的传奇。换言之，即使他们当时说出来的是自己内心真实的想法，尽管看起来非常愚蠢，但他们也从来没有被自己的想法所局限过。他们一如既往地相信自己，但当他们所不相信的“邪”已经成为事实时，他们也快速地改变自己，迎合自己所在行业的发展趋势，顺势而为，帮助自己取得一次又一次成功，铸就一次又一次辉煌。事实上，这些人如此的转变，也是一种不信邪的精神！

说回你自己，你不信邪，所以你归根结底还是更应该相信自己。当你真正具备了不信邪的精神，怀着不信邪的勇气与智慧去拼搏时，你就一定能够战胜你追求成功路上的所有困难，做出创新之举，突破思维的局限，最终到达你想要去的理想目的地。

第四章

选择

在正确的道路上吃苦与拼搏

选择决定命运，请朝正确的方向努力

在应该吃苦的年纪，千万不要选择安逸；但我们要学会选择吃那些有价值的苦，吃能给我们带来巨大回报的苦。我们一定要让将来的自己感激现在努力拼搏的自己，但在努力拼搏前，我们一定要选择对的方向去努力，在正确的道路上去拼搏。

在主动吃苦和努力拼搏之前，我们一定要学会选择，因为选择决定命运。如果选择错误，吃了没有任何价值的苦，做了很多无用功，进行了太多的无效勤奋，那么，你再努力拼搏，也不可能成功，反而是白白浪费你的时间、精力和青春。

每个人的人生其实都由一串又一串的选择组成，我们选择在哪个学校就读，选择和什么样的人做朋友，选择每天吃什么样的东西，选择一个什么样的伴侣度过余生，选择什么样的职业，选择打工还是创业……每一个选择，都会让一个人的人生完全不一样。所以说，选择决定命运。

笔者曾看过两个结局完全不同的故事，都是因为不同的选择而带来了截然相反的结果。第一个故事是这样的：有两个生活过得很清苦的樵夫，每天靠着上山捡柴背到集市上卖，然后才能买到食物用来糊口。有一天，他们像往常一样来到山上，准备捡柴。这时，他们突然发现了两大包棉花。两人喜出望外，因为每斤棉花的价格，是每斤柴薪的十倍以上。假如把这两包棉花背去卖掉，足可让全家人一个月都衣食无忧。于是，两人各背了一包棉花，然后回家。

两个人在路上走了好一会儿。这时，其中一名樵夫看到山路旁有一大捆布。两人连忙加快脚步，往那里奔过去。当两个人走近细看，才发现这些都是上等的细麻布，足足有十多匹。两人欣喜万分地商量，我们不如把背着的棉花都放下，然后改背麻布回家，因为这些上等的麻布可远比棉花值钱多了。

但他的同伴却有不同的想法，认为自己背着棉花已走了一大段路，到了这里才丢下棉花，会很对不起自己之前一路的辛苦，所以坚持不愿换麻布。发现麻布的樵夫屡劝同伴，但对方就是不听，所以他只好自己把棉花放弃了，然后尽可能多背上几批布，与那位背着棉花的同伴继续往回家的方向走去。

两个人又走了一段路，这时背麻布的那位樵夫又发现远方的林子里有一批东西正在闪闪发光。两个人来到这些东西跟前一看，发现居然是散落着的数坛黄金。背麻布的樵夫心想这下真的发财了，赶忙让同伴放下肩上的棉花，改用挑柴的扁担来挑黄金。

没想到，他的同伴仍然坚持背着那袋棉花，就是不肯挑黄金，因为他怀疑那些黄金都是假的，所以不肯白费力气挑回去。于是，发现黄金的樵夫把自己的麻布都放下了，然后挑起了两坛黄金，和背着棉花的伙伴一起继续赶路回家。然而，走着走着，这两个人的好运到头了，霉运降临，因为他们很不幸地遇上一群强盗。强盗们把黄金都抢走了，还把挑着黄金的那个樵夫暴打了一顿，而那位背棉花的樵夫则安然无事，可能强盗们觉得棉花根本不值钱，就放过了他。

最后，一直坚持背棉花的那位樵夫，成功把棉花背回了家。第二天，他把棉花背到集市上卖了，获得了能让全家人接下来一个月都衣食无忧的钱。而另一位樵夫，则两手空空地带着被打后的伤痕回到了家。

在这个故事里，始终背着棉花的樵夫最后获得了一个好回报，不断换来换去的樵夫却遭遇了一个坏结局。下面让我们来看另一个同样是关于“选择”的故事。从前，在一个村子里有两个年轻人，是一对比较要好的朋友，分别叫张伟和李磊。由于居住在偏远的山村，谋生不易，所以两个人约好一起到外面去做生意。于是，他们同时把田产都变卖了，然后带着各自所有的财产，各自骑着一头驴子，然后出发奔往远方。

张伟和李磊二人先是来到一个生产麻布的地方，因为他们知道在自己的家乡，麻布很值钱，所以他们准备把自己手上所有的钱都换成麻布，然后把麻布带回家乡去卖。这样一定能赚不少钱。很快，他们便买了麻布，然后把麻布都捆绑到那两头驴子的背上。做完这些后，他们便准备回家。

在回家途中，他们路过一个盛产毛皮的地方，这个地方正好缺少麻布，张伟便对李磊说：“毛皮在咱们家那边是比麻布更值钱的东西，不如我们把麻布卖了，然后换成毛皮吧。这样我们不但能收回本钱，还能赚到更高的利润。”但李磊却不肯这样做，原因是麻布这样搬来搬去的，太麻烦了。张伟没能说服李磊，只好把自己的麻布全换成了毛皮，另外还多赚了一笔钱。而李磊依然只有一驴背的麻布。

两个人继续往回家的方向走。这一天，他们路过一个生产药材的地方。这个地方晚秋、冬天和初春这段时间天气都非常寒冷，所以这里的人们都非常需要毛皮和麻布。于是张伟对李磊说："药材在咱们家那边是比毛皮、麻布更值钱的东西，你把麻布卖了，我把毛皮卖了，然后都换成药材，然后驮回家乡卖，我们一定能赚大钱。你说好不好？"

没想到，李磊又一次拒绝了张伟的提议，他依然坚持要把麻布运回家乡去卖。张伟见无法说服李磊，只好把自己带着的毛皮都换成药材，额外又多赚了一大笔钱。然后，张伟牵着驮着一大袋药材的驴子，李磊牵着驮着一大捆麻布的驴子，继续往回家的方向走。

过了几天，两个人路过一座盛产黄金的城市。然而，这座处处是金矿的城市却是一处不毛之地，特别缺药材，当然麻布也缺。于是张伟又向李磊提议，把药材和麻布换成黄金。因为对于这座城市的人们来说，黄金不值钱，但药材特别值钱，麻布也比较值钱。但是张伟李磊家乡那边，黄金却十分值钱。如果把药材和麻布都换成黄金，这样他们俩这一辈子都不愁吃穿了！

令张伟非常意外的是，李磊再一次拒绝了自己的提议。张伟只好把自己的药材换成一大袋黄金，然后让驴子驮着那袋沉甸甸的黄金一起回家。而李磊现在能带回家的，依然是那捆绑在驴背上的麻布。两人回到家乡后，李磊把麻布卖了，只赚到了很少的钱，和他这趟辛苦的远行所应该获得的回报完全不成比例。而张伟呢，当他把他那一大批黄金卖掉后，迅速成为当地的富豪。

这两个选择一样但结局截然相反的故事，当我们放到一起对比着阅读，一定能给自己带来许多有益的思考。当机会到来时，我们往往会有很多种不同的选择方式。这时候，有些人会单纯地接受；有些人会保持着怀疑的态度，站在一旁观望；有些人则顽固得像一头驴似的，很难接受任何新的改变。而不同的选择，必然会导致截然迥异的结果。从某个角度来看，许多成功的契机，起初未必能让每个人都看得到深藏的潜力，而起初抉择的正确与否，往往就是成功与失败的分界线。

选择决定命运，所以在人生的每一次关键时刻，我们都要运用好自己的智慧与眼光，充分借鉴自己的经验与学识，然后做出最正确的判断，选择属于自己的正确方向，最后再朝对你来说正确的方向拼搏努力。当然，只要大方向是正确的，我们在努力行动过程中，完全可以对可能产生的偏差进行适当的调整、校正。换言之，要因时因地或因人制宜。当你每一次都懂得如何权衡利弊，然后做出最有利于你自己的选择时，你最终的收获一定不会低。

选择对了，才能做更多有用功

只要你是一位在社会上摸爬滚打了很多年的人，无论你是一名普通上班族、中层管理人员还是高层管理者，无论你是小企业主管还是大老板，无论你是菜农还是卖水果的商贩……你一定会明白这样一个道理：选择比努力更重要。无论在任何时候，只要你方向选错了，那么你越努力，你做的无用功就越多；只有在正确的方向上努力拼搏，你能收获的回报才可能越来越多。

不知道你身边是否有这样的人，他们平时非常努力，看起来很忙碌，貌似很勤奋。然而，他们一直都成功不了。为什么会这样呢？究其原因，一定是选择错了。如果选择失误，无论你再努力，结果也只会是一败再败。例如，山西大同是产煤的地方，结果你从别的地方运了一车皮的煤到山西大同去卖，这样怎么可能赚钱？又如，现在人人都用上智能手机，结果你还生产小灵通手机，等待你的只能是血本无归的结果！我们想要获得丰厚的回报，就一定要在正确的方向上努力，尽可能让我们的时间与精力都在做有用功。

贾飞鹏今年20多岁，是一位积极上进的好青年，一直都想做出一些令人瞩目的成就。然而，他努力了好几年却依然一事无成，这令他非常苦恼。于是他向一位远近闻名的智者请教。智者了解了他的来意后，便让他跟着自己的三个弟子去上山砍柴。他给贾飞鹏等人的任务是，每个人都上山砍柴，并带回尽可能多的柴，看最后谁带回来的柴最多。四个人领命而去。

时间很快就过去了。待到太阳快要下山时，上山砍柴的四个人都回来了。走在最前面的是贾飞鹏，只见他气喘吁吁、满头大汗、脚步沉重地扛着两捆柴回来了。在他的后面跟着两个弟子，走在前面的弟子用扁担挑着八捆柴，走在后面的则两手空空地跟着。剩下的那个弟子则正从前面的江面划着木筏回来，眼看就要靠岸了。这个弟子的木筏上载着八捆柴。

贾飞鹏和先到的两位弟子看到最后那名弟子带回来了八捆柴，都默然无语。这时，智者问道："怎么啦，你们对自己的表现不满意？"

贾飞鹏解释道："大师，让我再砍一次吧！我本来一开始就砍了六捆柴，但是扛到半路上就扛不动了，只好丢掉两捆；又走了一段路后，我感觉自己的体力下降得厉害，只好又扔掉两捆；最后，我就只扛回来两捆。但我的体力只能扛这么多，我尽力了。"

跟在贾飞鹏回来的两名弟子则解释道："我们和他的情况并不一样。刚开始时，我们俩各自砍了两捆柴，然后将四捆柴一前一后挂在了扁担上，然后跟着他走。一路上，我和师弟轮流换着来挑这担柴，所以不但不觉得累，反倒觉得轻松了很多。最后，我们还把他丢弃在路边的柴也一并挑了回来。所以，现在您看到的就是八捆柴。"

划着木筏回来的弟子看他们都说完了，然后才说道：“我个子矮，力气小，别说两捆，就是一捆，这么远的路我也挑不回来，所以，我选择了走水路，最终借助木筏，我带回来了八捆柴……”

听完大家的解释后，智者用赞赏的眼光看着弟子们，微微颔首，然后走到贾飞鹏的面前，拍着他的肩膀，语重心长地说：“一个人独自去走自己的路，这本身没有错，关键是怎样去走；走自己的路，让别人说吧，这也没有错，关键是你走的路是否正确。年轻人，你要永远记住：选择比努力更重要。”

从这个故事我们能发现，选择确实比努力重要得多。在这个故事里，用什么样的方式把柴带回来，最终能带回来的柴的捆数是完全不一样的。由于路途比较远，所以如果一个人用肩扛，那么能扛回来两捆就已经很了不起了；如果用扁担来挑，一个人至少能挑四捆柴，如果两个人轮流着挑，甚至可以挑八捆柴；如果一个人借助木筏的力量，通过水路来运送，一个人也能轻轻松松带回来至少八捆柴。换言之，从最终的收益来看，选择不同，得到的结果大相径庭。

通过这次上山砍柴的实践，贾飞鹏上了一堂很好的教育课，让他找到了自己为什么一直那么努力却收获甚少的原因。选择决定结果，如果没有选对努力的方向和方法，那么即使再努力，付出再多的汗水与辛劳，吃再多的苦，也只是在做无用功，得不到应有的回报。只有选择正确，然后再努力，才能获得更大的回报。有一个成功人士的成功方法，是对这些观点的最好证明。这位成功人士叫安妮·穆尔卡希。

2001年，美国《财富》杂志评选出“20世纪全球最伟大的100位推销员”，安妮·穆尔卡希位列其中，而且是这100人里唯一的女性。后来，她成为全球最大的复印机制造商——美国施乐公司的CEO，并且一做就是10多年。在她的回忆录《我这样成功》里，她披露了自己的一条成功秘诀，那就是“我的成功就是用最短的时间，做更多最容易的事情！”

话说当年，安妮·穆尔卡希通过应聘进入施乐公司。很快，她就用自己高效的做事方法赢得了老板的赏识。然后，包括她在内的3个人从初选的10位候选人里脱颖而出。迎接这3个人的，是一项终极考核。这项考核的任务是这样的：老板给他们一天的时间，让他们在这一天里尽情地展示自己的能力，来赢得最后的胜利。

接到考核任务后，虽然这三个人都选择了通过推销自己未来东家的产品，也就是复印机，来展示自己的能力，但是每个人对展示能力的认识是不同的。在这三位被考核者里，有一个人（不是安妮）认为把产品推销给不需要复印机的人最能体现自己的能力，于是他决定去向一个农夫推销复印机。巧合的是，另一个人（依然不是安妮）也赞同刚才那位兄台的看法，只不过他选择了一位渔夫作为自己推销的对象。安妮并不认同他们的观点，她觉得这样做会把自己推销的成功率降到特别低的地步，甚至可能为零，所以不值得去做。她的做法是，选择容易成功的事情去做，换言之，她要向特别需要复印机的对象去推销自己未来东家的产品。

一天过去，当这三位被考核者带着自己的成绩来见老板时，老板让他们逐一展示自己花费了一天时间所做到的最能展示自己才能的事情。向农夫推销复印机的那位得意地说：“我花了一天的时间，终于把咱们公司的一台复印机成功地卖给一位农夫！要知道，农夫根本不需要复印机，但我却让他买了一台！”老板听完之后，只是点了点头，并没有任何表态。

向渔夫推销复印机的这位骄傲地说：“我用了三个小时才在郊外的河边

找到了一位渔民，然后我花了四个小时，费尽口舌，终于在太阳即将下山时说服那位渔民买下了咱们公司的一台复印机！事实上，他根本就用不着复印机，但是他却买了下来！”

老板点了点头，然后转头问安妮：“那么，你把复印机推销给了什么人？是家庭主妇，还是遛狗的夫人？”安妮一边从公文包里拿出几份文件递给老板，一边说道：“我把产品卖给了三位电器经营商！我在半天的时间里拜访了三家经营商，总共签回了三张600台复印机的订单。”

对于安妮的成绩，老板感到非常惊喜，他很高兴地宣布安妮被录用了，而那两位展现出不一般才能的人却被老板放弃了。他们对这样的结果表示愤愤不平，向老板提出抗议，他们觉得把复印机卖给电器经营商没有任何难度，因为他们本来就需要这些产品。

于是老板对他们说了这样一番话：“我想你们对于能力的概念有些误解！能力不是指用更多的时间去完成一件不可思议的事，而是用最短的时间，完成更多最容易的事！你们认为花一天的时间把一台复印机卖给农夫或渔民，和用半天的时间把600台复印机卖给三位电器经营商比起来，谁更有能力，谁对公司的贡献更大？”听了老板的话后，这两个人默默离开了。

安妮成为施乐公司的正式一员后，每天都努力“把所有的时间、精力都用来做最容易成功的事情”，所以在数年以后，她竟然创下了年销售200万台复印机的世界纪录，至今无人能破！

安妮·穆尔卡希之所以能成功，不是因为她做的都是什么惊天动地的大事，或者听起来很玄乎的怪事，她做的都只是简简单单的最容易成功的事。正因为她选择了最容易成功的事去做，所以她的付出都能得到回报。而随着经验的积累与方法的纯熟，她的销售效率也越来越高，最终创下至今无人能破的世界纪录。

这启示我们，如果你想要获得很大的成功，就一定要选择在那些能给自己带来最大回报的事情上努力，又或者像安妮那样，选择最容易成功的事。这样去选择，你一定能做更多的有用功，从而让自己越努力，回报越大。

读懂“放弃”，就拥有选择的能力

“在两种放在同等距离、发出同等香味的食物之间，一个人纵然自由，也会因吃不上食物而活活饿死。”但丁在他的《神曲·天堂篇》里说。“同样是高度饥渴者的例子，他的饥饿感和干渴感是同样强烈的，这时，如果他和食品与饮料的距离总是相等的话，他必会静静地伫立着。”亚里士多德在《论国家》里说道。

曾看过这样一个故事。古时候，有个富翁在坐船过河时，遇到很大的风。风大浪急之下，船被打翻，富翁也落入水中。由于身上带着过多的金银钱币，使本来可以轻松游到岸边的他几乎要沉入水中。他在水里拼命地挣扎，但就是不肯放弃身上的金银钱币，最后，他终因气力不支而沉入江底，丢掉性命。

选择，确实是人类永恒的难题。为什么很多人面对重大选择时总是拿不定主意要选择哪一个呢？就是因为选择是很不容易的。选择之难，难在选择的同时，也意味着失去。选择一种生活，就意味着要放弃另外一种生活；选择一种体验，就意味着要放弃体验另外一种感觉的机会。

很多人以为“得不到的总是最美丽的”，结果很多人总是很容易在患得患失之间不知道怎么去选择，又该如何去放弃，结果浪费了青春，蹉跎了岁月，一事无成，一无所有。当然，也有一些很懂得及时放弃的人，知道自己只能选择一半的精彩，所以反而拥有了丰厚的收获。

放弃，很多时候不但不等于失去，还能为你带来更大的收获。有些人以为“放弃”就等于消极无奈、痛苦不堪。殊不知，放弃可能意味着新的机遇。同时，对于别人来说，放弃也可能意味着一种解脱。人生充满了无数分叉路口，我们都只能领略这一路的精彩，永远体会不到那一路的风景。每个人的人生最终都走到不同的终点，就是因为在无数的选择之中，每个人的决定都是不一样的。

我们如果熟悉那些伟大人物、成功人士的生平，就会发现他们都具有这样一种素养：知道自己真正想要的是什么，除此之外的都可以忽略；也知道自己能够做什么，很可能会收获什么，而很少去奢望自己得不到的那些精彩。当确定自己真正想要的和能做的事情后，他们便会义无反顾、全神贯注地去做，直到成功。

这些人在他们的回忆录里，往往都会提到几个影响他们一生的关键选择。他们可能会说，如果当时做了另外一个选择，其人生很可能就会如何如何。这听上去有些遗憾的味道，但他们内心里其实从来没有后悔过。他们很庆幸自己的选择造就了他们的成功，假如选择另外一条路，他们很可能不会得到相同的结果。选择什么，放弃什么，他们清楚得很。这既是选择的智慧，更是选择的力量。

萨特说过，英雄是自己选择做英雄，懦夫是自己选择做懦夫。选择什么，放弃什么，要看你真正想得到什么。要知道，一旦你做了什么样的选择，就会有什么样的人生。有人说，剑客是孤独的，因为他们选择不做凡人，所以，在仗剑走天涯的一生中，他们注定体会不到凡夫俗子的家常之乐。从剑客身上我们能体会到选择的残忍，因为选择的同时也意味着放弃。也正是这种残忍，让很多人不懂得放弃。

据说古时候有这样一种捕捉猴子的方法：在一块木板上挖两个洞，刚好够猴子的手伸进去。然后在木板后面放一些花生。当猴子看见了花生之后，就会伸手去抓。结果，抓了花生的手紧握成拳头，导致无法从洞里再缩回来。最终，木板就变成一块活生生的枷锁。当猴子就这样用手紧紧抓着花生时，正是它最容易被人捉住的时候。

猴子之所以这样，是因为它们把食物看得太重要了。对于动物来说，这一点自然无可厚非。但如果一个人也变得如此短视，就很容易得不偿失。对于绝大多数人来说，“得到”是好的，是让自己很快乐的；“失去”是痛苦的，所以千方百计地阻止自己“失去”。然而，在绝大多数事情上，成功的秘诀就在于懂得控制痛苦与快乐这股力量，而不被这股力量所反制。如果你也能做到这一点，你一定能掌控好自己的人生；反之，你的人生就无法被自己掌控，反而被他人或那些很可能会摧毁你的力量所掌控。

很多人都知道孟子的这句名言：“鱼，我所欲也，熊掌，亦我所欲也；二者不可得兼，舍鱼而取熊掌者也。”但在现实生活里，很多人都无法放弃近在眼前的“鱼”，却还总想着那遥不可及的熊掌，所以他们的痛苦就在所难免。

我们在面临选择的时候，一定要学会放弃。放弃，不是失败，不是失去，而是为了更好地获得。正如下围棋，在下围棋过程中，我们很多时候虽然放弃了小的利益，但却得到更大的利益。很多时候，我们对许多个小利益的放弃，却成就了整盘棋的胜利。这告诉我们，当我们读懂“放弃”，也就拥有了选择的能力，也就懂得什么是必须放弃的，哪些是一定要坚持到底的。当你做到这些，你的成功就会水到渠成地到来。

没有明确目标的人，永远无法成功

汤姆是一名伐木工人。这一天，他的老板吩咐他去林场的某个区域，把那片树木都砍伐掉。汤姆领命前去，费尽九牛二虎之力，花了两天时间才砍伐完这片树木。他砍伐完后，便让老板前来验收。没想到，老板生气地责骂汤姆道，这根本就不是他让汤姆砍伐的区域，旁边那片树林才是！一听这话，汤姆呆住了。原来，之前他并没有完全听清楚老板的指令，才导致自己砍错了树，白费了两天力气。

在现实生活和工作中，有不少人也像伐木工人汤姆似的，常常只是一味地埋头苦干，却很少意识到自己的努力是不是对自己要完成的目标有所帮助。最怕你忙碌一段时间后，才发现你付出那么多，得到的结果却根本不是自己想要的。为什么会造成这样的后果呢？因为没有围绕着一个清晰、明确的目标去努力拼搏。

美国励志成功学大师拿破仑·希尔认为人人都能成功。为了帮助更多人成功，他写了一些很受欢迎的书，其中影响力最大的是《思考致富》。在

《思考致富》一书里，拿破仑·希尔第一次将成功经验进行总结，然后创建了十七项成功原则。在诸多成功原则中，“设定目标”被他放在了第一位。对此，拿破仑·希尔说：“设定明确的目标，是所有成就的出发点，98%的人之所以失败，原因就在于他们从来都没有设定过明确的目标，并且也从来没有踏出过他们的第一步。”

法国科学家约翰·法伯曾做过一个非常著名的“毛毛虫实验”。毛毛虫有一种习惯，就是喜欢跟随别的毛毛虫往前走，甚至到盲目跟随的地步。为验证这一点，法伯把几十条毛毛虫放在一只很大的花盆的边缘上，让毛毛虫们首尾相接，围成一圈。然后，他在花盆周围不到十厘米的地方，撒上一些毛毛虫爱吃的松针。只见毛毛虫开始一条跟一条，绕着花盆，一圈又一圈地爬了起来。一个小时过去了，一天过去了，两天过去了……毛毛虫一直在不停地爬着，绕着花盆团团转着。就这样，一连爬了七天七夜，这些毛毛虫终因饥饿与精疲力竭，全都死去。其实在这些毛毛虫里只要有任何一只稍稍与众不同，便能马上吃到附近不远的松针而不至于全部饿死。

有一位哲学家说得好，最蹩脚的建筑师做出来的蜂巢也要比最灵巧的蜜蜂做出来的要高明，因为前者在用蜂蜡建筑蜂巢之前，已经在头脑里把它建成了。如果一个人没有明确的目标，只是随波逐流，别人干什么自己就跟着干什么，很可能会遭遇到毛毛虫一样的命运。虽然不会丧命，但很可能会一事无成，碌碌无为。

想要取得成就，首先必须设定明确的目标。如果我们去研究那些总能不断取得成功的人物就会发现，他们都有一套明确的目标，都善于制订达到这些目标的具体计划，然后总能花费最多的时间与精力，付出最大的努力去实现他们既定的目标。

每个人都希望得到更好的东西，例如得到更多的金钱、名誉、尊重。但是，大多数人都只是把这些希望当成一种愿望而已。只有你知道自己最希望得到的是什么，只有你对达成自己目标的坚定性已经到了执着的程度，并能以不断的努力与稳健的计划去支撑这份执着，你才算是真正在发展你明确的目标。

你有没有发现，那些我们曾经一心一意为实现某个目标而努力奋斗的日子，在我们过往的人生里，是最让自己感动的日子。哪怕当时我们是为一个看似卑微的目标而奋斗，但目标达成后，也是值得我们骄傲的。要知道，无数个看似卑微的目标积累起来，就可能创造出一个伟大的成就。埃及金字塔是由一块一块的石头累积而成的，每一块石头看起来都是简单而卑微的，但金字塔却是宏伟而永恒的。

你是选择当一个随波逐流、得过且过、迷迷糊糊地活着的人，还是选择做一个清楚自己最终要追求什么、并每天为之奋斗的人呢？选择错了，这辈子就真是白活了；选择对了，你总能做成一些成就，当你老了的时候，有许多精彩的回忆与令人尊敬的荣耀过往。

曾看到这样一句非常经典的话："如果你不知道自己未来的远景，你就永远无法到达那里；如果你没有自己的主见，别人就会为你做主；如果你对自己的未来没有计划，你就会成为别人计划里的一枚棋子。"你是选择做一个知道自己未来远景的人，还是选择做一个始终被人决定自己命运的人？你是选择做一个有主见的人，还是选择做一个没有主见的人？你是选择做一个对未来有计划的人，还是选择做一个没有计划的人？读完这句经典的话后，相信你会做出正确的选择。

当你拥有明确的目标后，为早日实现目标，你会充满行动的力量，仿佛浑身有用不完的劲儿。你会想方设法去达成目标，表现出一种不达目标誓不罢休的精神。这时候的你，每天都感觉自己充满希望，甚至时不时有一种幸福感。可见，选择做一个目标明确的人，是多么美好。如果你不相信，请你马上找出你最喜欢做的事，然后把它设定为你明确的目标，接着，你开始为实现这个目标进行全力以赴的努力。相信到时候，你所得到的收获，比你想象的还要多。

学会变通，通往罗马的路不止一条

相信很多人都听过“条条大路通罗马”这句话。是的，当我们遇到难题的时候，一定要学会变通，解决问题的方法往往不止一个，就像通往罗马的路不止一条。如果你非要选择那些路上障碍重重甚至可能“此路不通”的道路去罗马，那最终如果无法到达罗马，你也只能自怨自艾。

这是一个颇让人深思的故事。有一个叫莎莉的人，家住在罗马。在她年轻的时候，有一天她父母带着她离开罗马的家，来到市郊的一个小镇。到那个镇上后，她父亲带着她爬上一座非常高的瞭望塔。在塔顶上，莎莉看到塔周围壮观的风景，感到非常新鲜，便快乐地欢呼起来。

不过，莎莉的父亲带她爬上这座高高的瞭望塔，其实是有用意的。只见他对莎莉说：“莎莉，你往那边看看。”莎莉的目光朝父亲所指的方向看去，只见星罗棋布的村庄环抱着罗马，如蛛网般交叉扭曲的街道，一条条地通往罗马广场。

这时，父亲温和地对莎莉说：“孩子，你看看，通往罗马广场的路并不止一条。其实生活也是这样，如果你发现走这条路到达不了目的地时，你应该换一条路去试试。”当时的莎莉似懂非懂地点点头。直到几年后，经历过一些事情，莎莉才明白父亲当时为什么会带自己爬那座高塔，又为什么会说那一番话。

莎莉的人生目标是成为一名服装设计师。然而，她在向这一目的地前进一小段路后，就发现“此路不通”的“牌子”。这时候，莎莉开始思考自己该怎么办，是止步不前放弃人生目标，还是选择寻找另一条路前往自己的目的地？这时候，她想起父亲当初对她说的话。于是，她来到法国巴黎这个全世界的时装中心。她要选择另一条路去“罗马”。

有一天，她遇到一位朋友，对方穿着一件非常漂亮的毛线衣，颜色虽然朴素，但编织得极其巧妙。于是莎莉问她，她身上的毛线衣是不是自己打的。对方回答说，不是的，是巴黎的一位太太打的。莎莉又摸了摸这件毛线衣，赞叹道：“多么美妙的针法啊！”

朋友见莎莉对此感兴趣，便对她说，自己提到的这位太太叫维黛安，出生在美国，现在居住在巴黎，她在美国的时候就已经学会这种针法。

这时，莎莉突然灵机一动，想出一种更新颖的毛线衣的设计方案。接着，一个大胆的念头涌进她的脑海里：“我为什么不利用父亲的商号开一家时装店呢？我可以自己设计、制作和出售时装啊！而且，我还可以先从毛线衣入手。”于是，莎莉马上画了一张黑白蝴蝶花纹的毛线衣设计图，然后找到维黛安太太，请她先帮助自己打一件。打好以后，莎莉发现这件毛线衣实在漂亮极了。

第二天，莎莉穿着这件毛线衣参加了一个来自世界各地的时装商人的午宴。结果令她大喜过望。原来，美国纽约一家大商场的代表当场向她定购了

40件毛线衣，并希望她能两周内交货。莎莉愉快地接下订单。

当莎莉把这批订单放到维黛安太太面前时，后者却说：“两周织出40件？这根本不可能！你要知道，编织这么一件毛线衣，我就几乎要花上整整一周的时间啊！”听了这话，莎莉感觉自己仿佛一下掉进冰窟窿里，差一点就要崩溃。为什么自己明明已经胜利在望，却又仿佛看到“此路不通”的“牌子”？

她垂头丧气地离开维黛安太太那里，向自己的住处走去。当走到半路上时，她猛然止步，心想：“一定还有别的出路。这种毛线衣虽然需要特殊织法，但可以肯定的是在巴黎一定还会有别的美国妇女懂得如何去织。”于是她马上转头回到维黛安太太的家，向她说了自己的想法。

维黛安太太觉得她说得很有道理，并表示很乐意协助她。于是，莎莉与维黛安太太好像侦探一样，调查起住在巴黎的美国人。通过朋友们的辗转介绍，她们终于找到20位懂得这种特殊针织法的美国妇女。两周后，40件毛线衣按时交货。

莎莉的时装店也顺利地经营起来。时间在她努力工作时静悄悄地走过。一段时间后，莎莉感觉时机已经成熟，便决定在巴黎举办一次冬季时装展览。没想到，正当她忙于筹备冬季时装展览、离展览开办只有13天的时候，她手下的缝纫姑娘在另一家时装商店的挑唆下居然跑光了，只剩下莎莉同缝纫车间的一个负责人。更让她沮丧的是，她和这位负责人都不会缝纫，这可怎么办啊？两个人为此都快绝望了。

在这场严峻的考验面前，莎莉又想起父亲当年的教导，知道“此路不通”之后，完全可以寻找另一条通往目的地的路。因为她早已明白“通过罗马广场的路不止一条”。这一次自己该从什么地方杀出一条生路呢？看来，自己的这次冬季展览会不得不推迟，否则就只能展示出还没有缝成的衣服。对啊！莎莉突然转念一想，“我为什么不可以搞一个未缝成时装的时装展览会呢？”

她把自己的想法和那位车间负责人说了，对方感觉也只能这样，就同意了她的想法。于是，两个人便继续极其紧张又无比兴奋地筹备着。13天以后，莎莉的冬季时装展览如期开幕。而来参观这次展览的人都发现，这真是一个别开生面的展览会！例如，有的大衣没有袖子，有的大衣只有一只袖子……里面展出的时装全都只处于最初阶段，甚至有的还只是一片布样。只不过，这些展出的半成品、未成品，也仍然能显示出这些时装缝成后的颜色和式样。最终，这次与众不同的展览会获得了极大的成功，比别的时装展览更激发了顾客们的兴趣，前来订货的人可谓络绎不绝。

在追求成功过程中遭遇一次又一次困难但又一次次地解决掉困难后，她无比感慨地对朋友们说，通往罗马广场的路真的不止一条。如果“此路不通”，一定要学会变通，换一条路继续往罗马进发。其实我们每个人也一样，在向着我们最想去的目的地前进的过程中，如果发现“此路不通”，我们一定要学会变通，选择另一条能达成我们目标的路。这样，我们就终能到达我们心中最想去的“罗马”。

把握好“度”，做一个“知止”的人

做人一定要学会选择，懂得放弃。如果不懂得选择，即使自己再努力拼搏，也只是在做无用功；如果不懂得放弃，什么都想要，贪欲过盛，最终很可能落得个一无所有的下场。怎样做才算是真正“会选择，懂放弃”呢？事实上只要能够学会把握好一个“度”，成为一个“知止”的人，就一定能够会选择，懂放弃。

什么是“度”，何谓“知止”呢？这两组概念其实意思都差不多，表达的都是“不偏不倚，刚刚好，才是最好的”，否则就会“过犹不及”。李嘉诚是众多中国企业家竞相学习的楷模。在解答李嘉诚为什么能稳坐“中国香港首富”宝座多年这个问题时，很多深入研究过李嘉诚成功之道的人都认为，他成功的核心秘诀就是他的座右铭。他的座右铭是什么？是两个字：“知止。”

“知止”是什么意思呢？就是适可而止，适度而为；就是懂得什么时候继续坚持，什么时候果断放弃；就是知道什么时候该提起，什么时候要放下。什么时候能够做到“知止”，其实就是把握好一个“度”字。

李嘉诚是这样理解“度”与“知止”的：“其实儒家中孔子说的‘过犹不及’，还有道家中老子讲的‘知止不败’。‘过犹不及’是说如果你过度扩张，容易出问题。任何企业和行业，过度扩张是不好的，所以什么时候应该停止，什么时候应该扩张……这都是一个大学问。”

李嘉诚经营企业期间一直践行的著名的“100万理论”，其实是他在用行动来诠释什么叫“度”，何谓“知止”。“100万理论”的具体内容是这样的。一个人如果想赚到100万，通常有三种方式：第一种是你能够赚到100万，同时让别人也能赚到100万，于是大家平等发展。第二种是你总是找出一些理由来，让自己赚到110万，同时让别人只赚到90万。第三种方式就是，明明你自己可以赚到100万，同时别人也可以赚到100万，但你自己不赚那么多，只赚90万，让别人多赚10万也就是赚到110万。

这三种方式的差别一目了然。使用第一种方式赚钱的人，能求得一时的成功，但是一旦合作者觉得别人比他更好，就会抛弃他，而去跟别人合作，于是他就很难求得更大的发展。第二种方式更不必说，没有人会傻到跟他做第二次生意。第三种方式，是李嘉诚最常用的方式。这种方式其实最难能可贵，表面上看似乎一时少赚了很多，可得到的却是长远稳固的发展，让别人很愿意跟他长期合作。所以，这种看似吃亏的方式，其实是真正抓住企业做大做久的根本。

当一位企业家懂得把握好赚钱的“度”，能够做到“知止”时，他的事业会更加成功。作为我们个人，如果想让自己的事业更快地发展，更早地取得成功，不妨学会把握好一个“度”字，懂得“知止”。这样去做一段时间之后，你一定会惊喜地发现，你的努力与拼搏所收到的回报更大，发展更好。

无论是“度”还是“知止”，都是一种大智慧，如果我们能够掌握并在现实中灵活运用，必将受益无穷。隋朝著名儒学家王道在他的《止学》一书里有这样一句话：“大智知止，小智惟谋。”意思是说：“拥有大智慧的人知道适可而止，只有小聪明的人才会不停地谋划算计别人。”在现实生活与工作中，很多人做不到“知止”，原因是他们贪欲太盛，不懂得适可而止的道理。如果不懂得把握好一个“度”，做不到适可而止，后果会很严重。

有一天，一只饥饿的老鼠钻进一口装满大米的米缸。看着白花花的大米，老鼠兴奋不已，于是它每天在米缸里跳进跳出，想吃就吃。然而，缸里的大米被它吃得一天比一天少，缸口与米之间的距离随之也一天天地变大。当老鼠所跳高度低于缸口与大米之间的距离时，老鼠没能摆脱大米的诱惑，仍像往常一样跳入缸中享受大米的美妙滋味。但从此以后，它再也跳不出缸外了。当缸中的大米吃完后不久，老鼠便饿死在空空的米缸里。

我们在努力追求成功的过程中，不但要懂得追求我们想要的东西，还要能够放弃那些对我们不利的东西。即使是我们很喜欢的东西，我们也要学会把握好一个“度”，懂得“知止”，绝不要过于贪求，欲望太盛。否则就会像过于贪吃的老鼠那样，最终误了卿卿性命。虽然说偷吃大米是可耻的行为，但如果这只老鼠善于把握好一个“度”，懂得“知止”，在刚好能跳出米缸以后就不再去偷吃里面的米，它也不会被困在米缸里直到饿死。

道理虽然简单，要做到却很难。只要我们稍加留意就会发现，在生活中，把握不好度、做不到适可而止的现象比比皆是。例如，有的人暴饮暴食，过度进补，过度打扮；有的人为讨好别人过度装腔作势、矫揉造作；有的人过于夸张地迎合领导，但又过于苛刻地对待同事、下属；有的人在个人消费时贪得无厌，为了炫耀自己的富有，甚至打肿脸充胖子。

做任何事情都要“知止”，都要把握好度，就像饭菜不可以吃得太饱，吃太饱就会撑到；水不可以喝得太多，喝太多肠胃就会不舒服，而且对身体有害；事不可以做得太绝，做得太绝就是堵住自己的退路……熟悉武侠小说的人都知道：势不可以使尽，剑不可以用老，武侠中人对决，高手多蓄势待发，力道最多用到七成，多则容易露出破绽。须知，物极必反，乐极生悲，事情做得过了度，便会走向反面，好事也会变成坏事，反而会招致不利于自己的结果。

如果你想要拥有快乐、宁静，就一定要领悟好老子的这句话：“知足不辱，知止不殆，可以长久。”物欲没有止境，只有懂得把握好“度”，做得到“知止”，才会既让你拥有你想拥有的，又不会让你身陷危险甚至致命的境地。

处于奋斗中的我们，不仅要在正确的方向上吃苦、拼搏，还要学会选择，懂得放弃，让自己成为一个善于把握好“度”、能够“知止”的人，这样我们在前进的路上，能尽可能少地招灾惹祸，让自己更加健康、安全地成长，最终成功到达我们理想的远方。

第五章

行动

不认命，先拼命

实干带来荣誉，行动创造成功

在现实生活中，有些人经常把因果关系颠倒。例如，经常听到有人说："当我精力更充沛的时候，我一定会开始进行慢跑锻炼。"这句话就是一种把因果关系颠倒的错误认知。事实上，当我们开始慢跑的时候，我们会逐渐获得精力，而不是当我们获得了精力，我们才应该去慢跑。

又如，我们时不时会听到有失业的人说这样的话："只要我能获得一项值得我去努力拼搏的工作，我就一定会刻苦工作！"这种说法同样是因果关系颠倒。因为只有当你能够吃苦耐劳、勤勤恳恳、想方设法去干好你的工作之后，你才会拥有一份值得你努力的工作。

再如，在职场里经常会有员工这样说："如果老板每个月给我一万元工资，我一定会加倍努力地把工作做好。"这样的说法也是因果颠倒。正确的顺序应该是，你为公司做出值得老板给你一万元月薪的绩效，然后老板才会给你一万元月薪。

所以，我们最应该明白的因果关系，就是成功来自行动，荣誉源自实干。如果我们决心要在最能吃苦的年纪，拒绝安逸，选择努力拼搏，那么我们就一定要让自己成为实干家、行动派。无论任何时候，都是实干带来荣誉，行动创造成功。

如果你已经确立明确的目标，正确的方向，那么你一定要尽快开始行动。你越早展开行动，就越早实现你的目标。有一句话说得好："不完美的开始胜于完美的犹豫。"事实上，我们永远不会觉得自己准备得已经足够充分。我们只有通过采取行动，才能掌握所需要的本领，才能想到解决难题的方法，才能找到帮助我们成功地助力。切记，最好的"准备工作"就是马上行动，放手去做。

想成功的我们，一定要明白这样的道理：几分耕耘，几分收获。真正实干的人，才有可能拥有荣誉；努力去行动的人，才会为自己赢得成功。正是实干的人，建设着这个美丽的世界；正是行动的人，创造出一个又一个令人惊叹的奇迹。

成功的人往往都是拥有明确目标的人，正是因为拥有一定要达成的明确目标，所以才会每天都动力十足，激情满满地去行动。为了实现心中最想实现的目标，他们愿意付出比别人更多的努力。对于这样的人，你除非把他们锁起来，要不然他们不可能停下脚步。

对于那些没有目标，或者没有明确目标的人来说，怎样才能让自己努力起来呢？首先就是要让自己找出自己最想达成的目标。怎么去做呢？首先，你要问自己，有没有什么东西是你特别想得到的？有没有什么目标是你很想达成的？正常人肯定都有一些很想得到的东西。当你挖掘出内心真正的渴望后，你就一定会拥有明确的目标。

当你完成上述这些事后，为了让自己每天都特别有动力地去行动，你不妨准备一个梦想相册，在里面贴上所有有关你梦想的图片。你要每天都至少看一遍你的梦想。当你看这本梦想相册的时候，请你问自己：“我想实现这些梦想里的哪一些？它们对于我为什么那么重要？”请你寻找自己动力的源泉，请你找到能给予你前进动力的东西，并有意识地运用这些东西。

到米兰的阶梯歌剧院演出是卡鲁索一直以来的梦想。但由于种种原因，他只好先将自己的这个梦想暂时“封存”在心里，然后加入一个巡演歌剧团。当他跟随歌剧团来到西西里岛演出时，巧遇了他少年时代的一个好朋友。这位朋友是知道卡鲁索的梦想的。当他听到卡鲁索现在正在巡演歌剧团里演出时，非常不开心，因为他相信，以卡鲁索的音乐天赋，是一定能够实现自己的梦想的。

朋友问卡鲁索，你是否运用了自己的天赋？卡鲁索回忆着自己的生活，发现自己已经停止练习。这时候他才发现，他已经放弃了自己的梦想，向现实妥协，变得随波逐流。和朋友的这次交谈，令他非常失意。于是，他开始酗酒。演出开始前，他一身酒气地回到了演出后台。该他上场时，他醉醺醺地登上舞台。结果一不小心，他踩到女高音的裙摆，对方的裙子被他扯坏。在一片嘈杂声中，舞台上乱作一团。就这样，一场严肃的歌剧变成了一场闹剧。由于受到惊吓，卡鲁索反而清醒了过来。于是他在最后一幕中使出浑身解数，唱出自己有生以来从没有过的声音，他觉得自己仿佛已经站在米兰的阶梯歌剧院里演出了。

台下的观众们听得如痴如醉，当他唱完后，所有观众都沸腾了。在场的文艺评论员们也兴奋异常，大家一致认为，他们还从来没有听见有人这样唱歌的。但最重要的是，唱得还这么棒！而卡鲁索呢？他在演出一结束就离开巡回歌剧团，然后直奔米兰。到了米兰以后，他每天都不间断地练习，每天都做出自己最大的努力。后来，他拥有了在米兰阶梯歌剧院演出的资格，然后他便一举成名天下知。最终，他成为一名伟大的歌剧大师。

如果你还有梦想，请马上为实现自己的梦想开始努力。不要再等到以后什么时候再去追求你的梦想，只有现在去行动，你才有实现梦想的可能。如果你认为以后再去追求梦想就能让梦想实现的话，你的梦想很可能会变成空想。成就不可能是等出来的，成功都是通过行动做出来的，荣誉都是靠实干得来的。赢家们都知道，只有马上开始动手干，才能收获自己真正想要的；想要获得任何东西，只能通过行动去争取。

爱拖延，你只能眼睁睁地看机会溜走

绝大多数人其实心里都很想成功。然而，“想要”和“得到”之间，还需要一个“做到”。为什么大多数人总是让自己错过成功的机会呢？主要就是习惯于拖延，做不到马上行动，立刻执行。

刘峰是一家游戏公司的网站编辑，各方面的能力都比较过硬，但他有一个坏习惯，就是做事总爱拖拖拉拉，经常没能按时完成老板布置给他的工作任务。有一次，老板把新签约的一个游戏开发方案交给刘峰来完成，并告诉他一定要在三天内完成。刘峰接过这个任务后，心想还有三天时间，于是便没有马上落实这件事，而是先不急不忙地发个微信朋友圈，然后又刷新了一下微博，关注一下头条新闻，接着又看了一场已经结束的但非常精彩的足球比赛的录像视频。

正当刘峰玩得不亦乐乎的时候，老板突然打电话给他，让他去参加一个学习研讨会。他只好匆匆赶去参会。等他开完会的时候，早就已经过了下班时间，所以他跟老板说了一下，就直接回家了。回家后，他本来想开始写老板交给他的方案，但还是“对抗”不过玩游戏的心，于是决定先玩一会儿网络游戏，然后再写方案。结果，这一玩就到了午夜时分，他只好睡觉。

第二天到公司后，他又习惯性地上网看资讯。正当他看新闻的时候，老板的电话来了：“小峰，方案写得怎么样了？有些同事都已经把我交给他们的任务完成了，你的呢？”

刘峰赶紧以因为学习而耽误了工作进度为借口，又向老板多要了一天时间，并最终完成了策划方案。但由于策划方案写得很仓促，几乎没有什么新意，连修改的时间都没有。最后客户对这个策划方案很不满意。

刘峰受到老板的严厉批评。刘峰这样的表现，其实在公司里已经不止一次两次了。正是因为他有拖延的坏习惯，所以一直得不到老板的重用。也因此，他已经工作数年，薪水收入还是不高，也从来没有升过职。

做事爱拖延的人，总想着“过一会儿再做”“下午再做”“明天做”……然后让今天得过且过。结果，今天该做的工作被拖到明天才开始做，这个月该完成的工作被拖到下一个月才完成，这个季度该完成的工作进度被拖延到下一个季度才有可能完成等等。拖延真的是害人又害己的坏习惯。

美国时间管理专家皮尔斯曾这样说过：“千万不要以为拖拖拉拉的习惯是无伤大雅的，它是一个能使你的计划、抱负落空，破坏你的幸福甚至夺去你的生命的恶魔。”因此，要想尽善尽美地完成工作，首先要做的事情就是改掉拖延的坏习惯。那些取得巨大成就的人，都是不拖延的人，而且能够立刻行动、马上落实。这类人总是能够很好地利用“现在”，全力以赴、想方设法地做好自己当前的工作。

在英国，有一位小伙子常常觉得自己的工作让自己焦头烂额，寝食不安，更重要的是，自己在这份工作中看不到一点儿成功的希望，所以，他整个人都快要崩溃了。有人建议他去请教一下著名的小说家沃尔特·司各特，于是他打电话给沃尔特·司各特的助理约好见面的时间。

约定见面的那一天很快就到了。这一天清晨，小伙子来到沃尔特·司各特的家里，然后很有礼貌地问道："我想请教您，身为一个全球知名的作家，您每天都是如何处理好那么多的工作，然后让自己很快就能取得成功的？您能给我一个明确的答案吗？"

沃尔特·司各特并没有直接回答他的问题，而是友好地问道："小伙子，你完成今天的工作了吗？"他摇了摇头，说："现在是早晨，我一天的工作还没有开始呢。"沃尔特·司各特听了之后笑了笑，然后说道："但是，我已经把今天的工作全部完成了。"

小伙子听后有些迷惑不解。于是，沃尔特·司各特解释道："你一定要警惕那些使自己不能按时完成工作的习惯，我指的是，拖延磨蹭的习惯。要做的工作一定要即刻去做，等工作完成后再去休息，千万不要在完成工作之前先去玩乐。如果说我是一位成功者的话，那么我想这就是我成功的原因。"

小伙子听完沃尔特·司各特的话后，收获颇多。回去以后，他立刻开始改掉拖延的习惯，努力让自己以最快的速度去完成工作任务。后来，这位小伙子也取得了很大的成就。

很多时候，机会的到来和离开，都是非常快的。可以这样来形容："来也匆匆，去也匆匆。"当机会到来的时候，如果你正在拖延，那么就只能眼睁睁地看着机会溜走。可能你心里很想抓住机会，但你的手却正在干别的事，所以来不及抓住机会。总之，你一定要学会拒绝拖延，养成立刻行动、快速落实的习惯。当你总能迅速行动，比他人更快地落实好每一项任务，你就一定能比别人更快地抓住各种机会，从而成就一个了不起的自己。

如果不行动，想得再多也没用

很多选择奋斗的人，为了让自己更快地取得成功，可能已经看过很多关于成功方面的书籍，听过很多成功人士的讲座，看过很多教我们怎样取得成功的视频等等。事实上，确实已经有太多的书籍与故事在告诉我们应该怎样去做，才能获得成功。所以，我们能在成功学书籍、讲座、演讲、视频等里面学到无数的理论、观点，以及实践经验。但很多人也许不明白，成功其实并不需要多么复杂的道理，很多时候，想要成功，我们需要做的仅仅是行动！

有个郁郁不得志的中年人三天两头就会到教堂里去祈祷，每次的祷告词都几乎一样。他第一次到教堂时，是这样虔诚地祈祷的："上帝啊，请念在我多年来信奉您的分上，帮助我中一次彩票吧！阿门！"几天后，他又垂头丧气地来到教堂，然后跪着祈祷道："上帝啊，为什么不帮助我中一次彩票啊？我愿意更谦卑地来服侍您，求您让我中一次彩票吧！阿门！"又过了几天，他再次出现在教堂里，重复着上一次的祈祷词。再过几天，他依然来教堂里这样祈祷。如此周而复始，不断地祈求上帝让他中一次彩票。

现在，他又跪在教堂里，对着上帝的雕像重复他一直以来意思都不变的祈祷词。就在这时，圣坛上空发出一阵宏伟庄严的声音：“我一直在垂听你的祷告。可是最起码，你也该先去买一张彩票吧！”

只是一味地想得到什么，却从来不去行动，这怎么可能得到？如果你不去买一张彩票，即使你天天向上帝祈祷，上帝也没办法帮你！如果你不去行动，再好的机会降临到你身边，你也不可能抓得住！

对于我们每个人来说，最不缺的其实是梦想。每个人肯定都有过这样的经历，就是想成为什么样的人，或者做成什么样的事，或者得到什么样的东西，或者实现什么样的目标……从某个角度上看，这些都可以说是梦想。然而，当时间的齿轮划过后，我们回首往事时，有多少人能问心无愧地面对当初的梦想？可能你有着各种各样的理由或借口，以至于你没能实现自己的梦想。但其实，只要你想实现某个梦想，你就一定能将它实现，关键在于，你有没有真正去行动过。重要的是去做，如果只是空想，那么梦想再美好，你也依然一无所获。

古希腊有一句格言说得很好：“要种树，最好的时间是10年前，其次是现在。”同理，要成功，最好的时间是三五年前，其次是现在。再没有别的可能，剩下的只能是失败。绝大多数人希望等到各项条件都尽量完备，自己觉得已经没有什么风险或把握比较大的时候才愿意动手去做某一件事。但他们忽略了一个最重要的因素：人。成功尽管没有想象中那么难，但也不能一蹴而就。成功需要一些机遇、一些冒险、一些挫折与失败，更需要大量迅速而及时的行动！

20世纪70年代的一天，乔布斯和沃兹尼亚克卖掉一辆老掉牙的大众牌汽车，得到1500美元。对于这两个正琢磨开一家公司的年轻人来说，这点钱少到以至于无法支付办公室的租金，他们只好将一个车库作为办公室开起公司。但正是在这个车库里，苹果电脑诞生了。后来，在车库里诞生的苹果电脑赢得了客户的信任，成为全世界知名的电脑品牌。

无独有偶。1938年，从斯坦福大学毕业的两位学生惠尔特与普克德在寻找工作的过程中，尝尽了求助他人谋生的艰辛，决定合伙创业。两个人的财产只有538美元，剩下的只是想法与决心，但他们并没有放弃或等待。在美国加利福尼亚州的一间车库里，他们办起一家公司。这家公司以这二人姓氏的第一个字母来命名，这就是惠普公司。经过艰苦创业与发展，如今惠普公司已成为全球最重要的电子元器件、配套设备供应商之一。

这个世界上到处都是没有充分发挥自己能力的人，因为他们只想不做；这个世界上也充满着想要成功却从来也没有成功过的人，因为他们没有学会行动；这个世界上有着许多“知道”怎么做、却从来不去做的人，因为他们总是在等待一个最佳的可以让他们愿意去行动的时刻。只可惜，最佳的时刻永远也不会到来，因为永远没有最佳的时刻。想要成功，最重要的是去做，马上开始行动，以最快的速度落实。

如果你不希望自己在接近人生旅程的尽头，回顾自己一生时说这样的话：“如果我……就好了；如果我能再活一次，就一定要……；要是我……我一定……”请你一定要养成放手去做的习惯。

勤奋不一定成功，但想成功一定要勤奋

所有人恐怕都知道勤奋对于成功的重要性。关于勤奋，爱因斯坦说过："在天才与勤奋两者之间，我毫不迟疑地选择勤奋，她是世界上几乎一切成就的催产婆。"毫无疑问，在物理学领域，爱因斯坦是一位天才，而且还是百年难得一遇的天才。但是，他本人却更相信勤奋能帮助人们成功。可见，勤奋对于成功是多么的重要。

事实上，我们研究无数成功人士的成功史后，很容易发现这样一些成功秘诀：一、即使你再有天赋，但想成功就一定要勤奋，虽然勤奋不一定能让你成功；二、成功人士都很勤奋。我们以爱因斯坦为例，爱因斯坦就非常勤奋。他是20世纪世界上最伟大的物理学家之一，他提出的狭义相对论和广义相对论，为20世纪物理、天文等学科的发展奠定了理论基础。

《爱因斯坦传》的作者在书中曾这样描述这位伟人："他可以把别人只能持续几秒钟的高度注意力，持续几个小时以上。"有一次，爱因斯坦在一个车站等公交车。几个小时后，有人看见他还在公交车站里等公交车。那个

人感到很好奇，便问爱因斯坦：“你怎么在这里待了几个小时啊？”爱因斯坦一听，眼神露出迷茫之色，然后说道：“真的吗？我刚才一直在思考一个问题，还以为才过几分钟而已，没想到已经过了几个小时！”

中学没读完的爱因斯坦为了研究问题，利用自己在专利局上班的机会，大量阅读当时的各种资料。通过努力，他考上著名的苏黎世联邦工业大学，进而掌握了一系列比较高深的数理知识。这种勤奋与执着的精神为他的成功奠定了坚实的基础。勤奋在爱因斯坦心目中的地位是怎样的呢？极为重要，这从他总结出的一个公式就能看得出来。这个公式是这样的：成功＝灵感＋勤奋＋少说废话。

大发明家爱迪生同样是“勤奋界”的典范人物。爱迪生在一生中成功地创造出一千多项发明，为人类文明的发展做出了卓越的贡献。爱迪生每天都异常勤奋，所以才有了一项又一项的发明。例如，为了把电灯发明出来，他付出异于常人的勤劳。为了研制灯丝，他睡在试验室，吃在试验室，夜以继日地工作，常常连续做30个小时以上的试验。在反复试验了一千六百多种材料后，爱迪生终于找到了合适的灯丝，成功地发明了电灯。于是，爱迪生凭借着坚强的意志与勤奋的精神，给人类带来了光明。

富兰克林是我们很熟悉的一个伟人。在他的个人简介里我们能发现，他有着一串辉煌的头衔：美国伟大的哲学家、政治家、外交家和杰出的科学家。他为什么能得到这些非常了不起的头衔呢？要知道，他并没有受过高等教育，只是一个印刷学徒出身。

看完卡尔·范·多伦所著的《富兰克林》一书，我们就能找到答案。在这本书里我们发现，富兰克林一辈子都非常勤奋和执着，甚至还曾被称为“美洲最不满足和求知欲最强的年轻人”。无论在生活中还是工作中，富兰克林都很善于观察、勤于思考、热衷于动手实践。由于他喜欢动手，所以改进了燃炉，发明了避雷针。

富兰克林有着勤奋的本性，也深深明白“勤能补拙”的道理。他曾指出，“贪睡的狐狸抓不到鸡”，又认为“上帝没有给人以马车，却给了每人一双腿”。他就是靠双腿不懈地“奔跑”，最终取得一个又一个成就，铸就一个又一个辉煌。富兰克林比绝大多数人都更能理解勤奋的意义，所以他在勤奋中得到了欢乐，寻到了人生乐趣。他的勤奋也在他生命之树上结出一串光彩照人的果实，那是对他勤奋情有独钟的回报。

中国有句谚语说：“一勤天下无难事！”如果你天赋出众，再加上能比所有人都勤奋，你就一定能迅速从所有同行里脱颖而出，成为行业里最亮的那颗星；如果你天赋平平，但你却能每天都付出比别人多很多的勤奋，日积月累之下，你同样能把原来比你天赋高的人远远地甩到身后。天赋是与生俱来的，我们强求不来；勤奋却是每个人都可以做到的，我们千万不要丢掉勤奋！愿你能马上勤奋起来，让自己在比别人多很多的行动中，创造出你最想要的未来。

全力以赴去行动：不认命，先拼命

很多人都知道“心动不如行动”的道理，也明白一个人心里想得再好，如果不尽快采取行动，那么什么想法都只是空想。曾看过这样一个笑话：有个人做了一个梦，梦见自己中了大奖，巨额的财富让他欣喜若狂，然后他开始规划自己今后的人生，例如买什么地段的房子，买什么样的车，穿什么品牌的衣服，去哪里旅游，剩下的钱是拿来做生意还是吃利息……越想越觉得兴奋与充实，自己的人生就如同一幅美丽的画卷，正在自己的眼前徐徐展开。突然他从梦中惊醒。待他回过神来，才不禁懊恼，原来他发现自己连彩票都还没买！

一个人即使想中彩票大奖，首先也要去买一张彩票，这样才有可能会中奖；如果连去买彩票的行动都没有，中不中奖都与你无关。当产生一个非常好的想法时，如果你想让自己心想事成，就应该马上行动，然后全力以赴去做这件事，看能不能把它变成现实。很多时候，如果你行动得足够坚决，付出的汗水足够多，那些刚开始看起来遥不可及的梦想，到后来都会变成现实。为了让自己心想事成，我们需要的只不过是绝不认命，相信一切皆有可能，然后拼命努力，想方设法让梦想实现。

20世纪60年代，美国有个牧师有这样一个梦想：用玻璃建造一座水晶大教堂。当他把自己的梦想跟一位朋友说了以后，居然遭到朋友的无情耻笑和打击，家人也极力反对。但是牧师相信一切皆有可能，并且懂得“不认命，先拼命”的道理，所以他马上开始行动，全力以赴地实施起自己的计划。

他先是打听好各种费用，然后开始统计，要把这座水晶大教堂按照自己的设想建造出来，究竟需要多少钱。通过计算后，他得出一个结果：要建造好整座水晶大教堂，大概需要700万美元！这笔钱即使在今天也是一笔巨款，更不要说是在当时那个年代。在那个时候，这笔钱简直就是一笔天文数字般的巨额款项。

牧师自己手上连1000美元都没有，更不可能有700万美元。想要让自己梦想成真，就只能向他人募捐。但是，在牧师的朋友圈里，并没有富豪朋友，所以他只好向社会上那些他不认识但拥有足够经济实力的人募捐。别人凭什么捐款呢？他的信心之源是自己想建成的这座水晶大教堂自身的魅力，认为它能吸引人们捐款。

然后，他在心里盘算着得到捐款的各种途径：寻找1笔700万美元的捐款；寻找2笔350万美元的捐款；寻找7笔100万美元的捐款；寻找14笔50万美元的捐款；寻找28笔25万美元的捐款；寻找70笔10万美元的捐款；寻找100笔7万美元的捐款；寻找140笔5万美元的捐款；寻找280笔2.5万美元的捐款；寻找700笔1万美元的捐款；卖掉1万多扇窗，每扇700美元。

牧师马上全力以赴地开始四处游说的行动。尽管屡遭打击，但他毫不气馁，积极地为自己心中的梦想奔走着。60天后，他用水晶大教堂奇特而美妙的模型说服了一位富商，富商捐出100万美元。这让牧师的信心更足了。

第65天，一对经常去牧师所在的教堂祷告的农民夫妇捐出1000美元。第90天，一位被牧师全力以赴实现梦想的精神所感动的陌生人，一位富豪，在牧师生日的当天寄给牧师一张100万美元的银行支票。到第8个月后，有一名捐款者对牧师说："如果你的诚意与努力能筹到600万美元，剩下的100万美元由我来支付。"这让牧师的动力更加充足。

到第二年，牧师以每扇500美元的价格公开请求有捐款意愿的人认购水晶大教堂的窗户，付款的办法为每个月50美元，分10个月付清。在接下来的6个月内，一万多扇窗户全部售出。1980年9月，原以为700万美元就能建成但后来发现需要2000万美元总造价的水晶大教堂终于竣工。这座水晶大教堂成为世界建筑史上最伟大的奇迹之一，而建成这一奇迹的所有资金，都是由这位几乎身无分文的牧师，用全力以赴的行动，拼命努力一点一点地筹集而来。

这个故事启示我们，有梦想就一定要尽快采取行动。无论刚开始时看起来是多么不可能实现的梦想，只要你能够及早开始行动，然后全力以赴地想方设法实现你的梦想，你的梦想就越来越有可能成真。

在现实生活与工作中，我们时不时会发现，许多好想法正在被束之高阁，许多新举措最终流于空谈，许多好机制一直难以施行。由于想法太多，导致顾忌太多，最终"认命"妥协，放弃梦想，始终没能付诸行动。然而，世上没有万全之策，等有了100%的保险系数再去做一件事，那就什么事情也干不成了。

很多时候，想要做成一件大事，或者要让自己梦想成真，就一定要有一股“绝不认命，拼命努力”的精神和行动力。只有马上行动，然后全力以赴地拼命努力，才能让你获得成就，达成你最想达成的目标。

每天多付出一点点，幸运就会来敲门

为什么在生活中有些人看起来总是很幸运呢？为什么幸运的人总是很幸运，倒霉的人总是很倒霉呢？为什么有些人总能得到机会的眷顾，而很多人却总是得不到命运女神的青睐？事实上，世界上哪有什么运气？当一个人能每天都努力行动，全力以赴地准备等待机会的到来，等机会来临时，这个人自然就抓住机会，于是成为大家眼中的幸运儿。当这个人成功地把握住几次机会后，就成为人们口中那个总是很幸运的人。

机会总是青睐有准备的人。很多人都知道这句话，然而很多人都想要获得机会，却又不愿意去做一个有准备的人。这样一来，机会又怎么可能被你抓住呢？你又凭什么成为幸运儿？要成为一个有准备的人，其实也不需要让自己每天都“三更起，五更眠”地拼命努力，你只需要每天都比昨天更用心，比昨天多付出一点努力，日积月累之下，到某一次，机会就会主动来找你。

美国著名投资专家约翰·坦普尔顿通过大量的观察与研究，得出一条很重要的定律：“多一盎司定律”。所谓“多一盎司定律”，即只要比正常工作多付出一点就会获得超常的成果。坦普尔顿指出：取得中等成就的人与取得突出成就的人几乎做了同样多的工作，他们做出的努力差别很小——只是“一盎司”。但其结果却有天壤之别。

这条定律的第一个实践者正是约翰·坦普尔顿本人。在耶鲁大学求学期间，他充分运用这一成功定律。例如，他决心使自己的作业不是95%的正确而是99%的正确。结果呢？他在大学三年级就进入美国大学生联谊会，并被选为耶鲁大学分会的主席，他还获得罗兹奖学金。在熟读经济学、工商管理学、投资学等课程后，结合自己的商业实践，坦普尔顿把“多一盎司定律”进一步引申到商业领域。他逐渐认识到，在商业行为里，人们只需要多用心付出一点点，就能获得更好的结果。

后来，坦普尔顿发现“多一盎司定律”可以应用到所有领域。事实上，无论你从事什么领域、行业，供职于什么职业，“多一盎司定律”都是能帮助你迈向成功的放诸四海而皆准的普遍规律。例如，把“多一盎司定律”应用到高中足球队，我们会发现，那些每天用心多做一点努力、多练习一点的球员更容易成为球星，在比赛里更容易起到关键性的作用。于是，他们得到了球迷的支持与教练的青睐。而他们得到的所有这一切，只是因为他们每天比队友多付出了那么一点。

有一位老教授在退休后巡回拜访偏远山区的学校，去分享与传授他的教学经验给当地的老师。由于老教授充满爱心且和蔼可亲，他所到之处皆受到老师与学生的热烈欢迎。有一次，当他结束在山区某学校的拜访行程然后准备赶往别处时，学生们都对他依依不舍。老教授对此非常感动，便答应学生们，等他下次再来时，只要他们里的哪一位能将自己的课桌与椅子收拾得非常整洁，他就送给这名学生一个神秘的礼物。

在老教授离开以后，每到星期三早上，所有学生都一定会将自己的桌面收拾得干干净净，因为老教授每个月都是在某个星期三前来拜访他们，只是不确定老教授会在哪一个星期三到来。在这些学生里有一个人的想法与其他同学都不一样，他一心想得到老教授的礼物以留作纪念，所以他生怕老教授会临时在星期三以外的日子突然带着神秘礼物到来，因此他每天早上都会将自己的桌椅收拾得干干净净，整整齐齐。

只不过，每天上午当他收拾好桌面，到下午又变成一片凌乱，所以他到下午又收拾一次，否则万一老教授下午到来，就看不到自己整齐干净的桌面了。后来他又想，万一老教授一个小时后出现在教室怎么办？所以他最终决定，每隔一个小时就收拾一次自己的桌面。再后来，他想到若是教授随时会到来，仍有可能看到他的桌面不整洁。终于，他想清楚了，他要时时刻刻都保持自己桌面的整洁，以便能随时用整洁的桌面来迎接老教授的到来。

就这样，虽然老教授没有带着神秘礼物出现，但这个小学生却已经收获了另一份特殊的礼物，那就是懂得“随时做好准备，然后迎接机会到来”的道理。

有许多人终其一生，都在等待一个足以令他成功的机会。而事实上，机会无时无刻，无所不在，但关键在于，当机会来临时，你是否已经准备好，你有没有足够的实力把机会抓住，然后转化为你的成就。

在这个故事里，可以想象得到，这位小学生最终一定能获得老教授的神秘礼物。更重要的是，当他每时每刻都比别人多用心付出一点点后，他能够得到别人都得不到的东西，这能让他的信心大增。在往后的人生路上，他如果总能比别人每天多付出一点点，那么他将来的成就一定会比其他人大很多。

成功的秘诀其实并不神秘、复杂，反而很简单，只不过是你每天都要比同行们多用心付出一点点。关键在于，你需要坚持不懈地去行动，去付出。等你的付出累积到一定程度，机会一出现，你就能比别人更快抓住，让自己获得最大的回报。

第六章

借力

吸引更多人来帮你

成功，离不开团队的助力

如果我们想成就一番事业，就一定要学会借力。而最常见、最可靠、最应该借的力，就是团队的力。事实上，任何人想要取得较大的成功，都离不开团队的助力。即使是英雄，也需要“兄弟连”的鼎力相助。

探讨这个话题时，我们不妨从二战时期美国一支著名的“兄弟连”开始说起。这支兄弟连的番号全称是“美国101空降师506团的E连”，是美军进行快速部署和实施应急作战的重要力量。

20世纪末，在接受著名二战史专家安布罗斯的采访时，曾是E连最年轻士兵的莱斯特把自己难忘的从军经历以及兄弟连战友们血泪凝结的珍贵回忆倾诉出来。那之后，安布罗斯又对E连其他幸存者进行大量访谈，并在参考当年战士的日记与家书后，写成记录这支英勇善战团队的真实故事的《兄弟连》一书。

但真正让“兄弟连”闻名世界的，还是斯皮尔伯格与汤姆·汉克斯合作拍摄的同名电视剧。1998年，在电影《拯救大兵瑞恩》宣传期间，一个参加过二战的老兵亲手向汤姆·汉克斯赠送了《兄弟连》这本小说。读完之后，汤姆·汉克斯深受感动，便把书转赠给斯皮尔伯格。后者读完后，马上找到前者，两人一拍即合，决定将其拍成电视连续剧。于是，这部耗资1.2亿美元的鸿篇巨制便诞生了。

然而，在这部耗资巨大的电视剧里，寻常战争片中战火纷飞的大场景与冲锋陷阵的英雄气概统统成了配角，片中更多的是一张张普通士兵复杂表情的特写。通过这部剧我们能看到，兄弟连的战士们在军校期间就学会了自信、自律和服从，能够忍受各种出乎预料的艰难困苦，具备了能与其他人协同工作的团队精神。从第一次踏入战场开始，E连的兄弟们便团结在一起，共同战斗，共同分享胜利的喜悦。

莎士比亚在《亨利五世》中曾写道：“从今天起直到世界末日……我们将会被人们记着……我们这一支兄弟的队伍。”兄弟连的确做到了，这是一支属于英雄的连队。E连中，48位为国捐躯，100多人受过伤，其中许多人受过重伤，不少人受过两次伤或三次伤，甚至有一位受伤多达四次。所有的弟兄都把他们最好的青春年华交给了军队。他们在训练与战斗中共同承担所有的压力，结果，他们之间建立了一条永久性的纽带。

E连兄弟们都自愿成为空降兵，因为他们想与最优秀的人并肩作战，并使自己也成为最优秀的人。他们成功了。他们都知道兄弟连之于一个英雄的重要性，所以，他们仅将紫心勋章视为所在连队的徽章。在退役后的生涯中，他们对自己的要求标准也没有丝毫降低，所以，他们在另一处“战场”上也同样取得了成功。兄弟连里的每一位兄弟都是英雄，但每一位英雄又都是兄弟连的一个组成部分。

这个故事启示我们，每一位成功人士能够取得巨大的成就，也都离不开他身后团队的鼎力相助。

在我们传统观念里，一提到英雄，我们往往自然而然就联想到“个人英雄主义”这个词。所谓个人英雄主义，其实是忽略团队作用的。可是，如果没有一个团队提供足够多的帮助，任何人都不可能成为真正的英雄。真正的英雄，既需要增强个人实力，又需要富有团队精神。而对于任何一个战斗力强大的团队来说，都需要每个成员既有团队精神，又能在适当的时候，发出英雄的耀眼光芒。

个人英雄主义与团队精神，这两者是相互矛盾的，但又是相互依赖的。单单强调团队精神，会造成整个团队的呆板与拖沓，如果没有英雄来一马当先，带领团队，直捣黄龙，再完美的合作战斗力也很有限；单有个人英雄，没有团队，英雄也很难成功，甚至会成为悲情英雄。所以，团体是英雄的基础，英雄是团队精神最高的升华。每一个英雄的出现，都离不开他身边“兄弟连”的帮助；而一个真正具有团队精神的“兄弟连”，则一定会是一个英雄辈出的团队。

如果你热爱观看或参与一些集体体育项目，就很容易明白个人英雄与团队的关系。例如，在一支足球队里，头号球星、二号球星就相当于英雄，整支球队则是一个团队。想要赢得一场比赛的胜利，既需要团队的整体配合，也需要球星尤其是头号球星的个人能力，尤其是球星进球终结比赛的能力。而头号球星之所以经常能成为给球队带来胜利的最出色的那个人，就是因为他能力比场上的其他人都强，所以，他经常能成为英雄。但是，如果没有其他队友的防守、组织、传球等，头号球星再出色，也不可能独自赢下比赛。可见，要成为头号球星，即使自己能力再强，也还是要借助队友们的团队之力。

正如任何一支球队都不可能人人都是明星一样，在任何一个英雄辈出的团队里，都一定会有很多不为人知的人物，但你不能认为他们是团队的累赘，相反，你所熟知的英雄们，都一定会对这些人充满敬意。英雄是值得人们仰视的，因为他们比别人“高”，但他们比别人“高”并不是因为他们长得高，而是因为他站在其他团队成员的肩膀上。

要学会让别人帮助自己成功

在现在这个时代，如果你还想着依靠单打独斗去达到你期望的结果，那几乎是不可能的。在社会分工越来越细的今天，任何人想要成功，靠的都不再是个人英雄主义，而是一边自己努力，一边借助他人的力量。甚至很多时候，他人的力量对你的成功具有决定性的作用。

借力的智慧其实不是现在才被人们重视的，早在古代，人们就知道借力的重要性，然后在非常广泛的领域里运用到借力的智慧。中国古代思想家荀子说过，借助了车马的人，不必自己跑得快，却能远行千里；借助于舟船的人，不必自己懂得游泳，却能够渡过江河。君子为什么会比普通人强呢？因为君子很善于借助与利用外力、外物。

荀子有“君子性非异也，善假于物也”的东方智慧，西方也有牛顿的“站在巨人的肩膀上”的智慧。这些都是借力成事的经典说法。看待一个人的成功，不能光看他的成就，而应该多看看他成就背后的推动力量，因为这才是给一个人带来成功的主导因素。

美国“钢铁大王”安德鲁·卡耐基在生前就亲自写好了自己的墓志铭，内容是这样的：“长眠于此地的人懂得在他的事业过程中起用比他自己更优秀的人。”这位成功企业家的经典名言，非常形象地说明了借助外界力量的重要性。

贝尔是电话的发明人，还是美国当代著名大实验室——贝尔实验室的创始人。他深知自己在经营和管理方面的能力有限，于是在1897年7月聘请了西奥多·维尔出任贝尔公司（原美国电话电报公司的前身）的总经理。维尔的经营管理能力非常出色。在他的领导下，贝尔公司在不断发展壮大，还打败了西部联合电报公司的进攻，资本由1878年的85万美元增长到1885年的6000万美元。试想，如果贝尔没有任用维尔这样的经营强手，贝尔公司的命运或许就被改写了。

美国历史上的大富豪P·摩根也善用强过自己的人。比摩根小10岁的萨缪尔·斯宾塞是个土生土长的南方美国人，十分精明强干。大学毕业后，斯宾塞进入巴尔的摩-俄亥俄铁路公司工作。他才能非凡，所以很快被提升为副总裁。后来，这条铁路由于赤字濒临破产，斯宾塞受命负责使这条铁路起死回生，他的卓越管理才能也在这一过程中得到充分发挥。作为公司财产主要接管人，摩根发现了斯宾塞在经营与管理方面的过人之处，他觉得斯宾塞在某些方面甚至超过了自己。摩根就立即让斯宾塞做公司的总裁，使之成为了自己的左膀右臂。

史蒂夫·乔布斯在管理、技术、运营、设计等方面都不具有突出的“专业才能”，但他的手下却个个能力不凡：如公关奇才里吉斯·麦肯纳帮助乔布斯成功摆脱了纷纷扬扬的“天线门”事件，令世人惊叹不已；运营高手蒂姆·库克来到苹果9个月就将库存期由2个月压缩到6天，最后达到惊人的两天；设计天才乔纳森·艾维则为苹果设计出了改变世界的iPhone、iPod和iPad等多款伟大产品。苹果公司能够在短短几十年中发展成为世界顶尖的科技企业，并一度成为世界上市值最高的上市公司，就得益于乔布斯在各个专业领域都找到了比自己更优秀的人才。

松下幸之助有一次接受记者采访时被问到这样一个问题："成为经营者的条件是什么？"松下这样回答到："经营者善用比自己能力优秀的、和自己天分不一样的人才。"领导力大师约翰·麦克斯韦尔博士也说过同样的一句话："一位领导者的职责不是无所不知，而是能够把那些能知你所不知的人才吸引到麾下。"

在国内企业经营管理中也一样，像柳传志、任正非、王石等并非拥有特殊的专业才能，但他们在各自的商业领域内都获得了巨大的成功，这与他们拥有一批优秀的专业人才有很大的关系。

不仅是在企业的经营管理上，在生活的很多方面我们也要学会借力。很多时候我们想做成一件事情，但自己又欠缺某些方面的条件，这时我们完全可以借助别人的力量来帮助我们迅速做成这件事情。你一定要相信，你所欠缺的，总会有人拥有。

要让自己善于运用"借力的智慧"，我们就一定要明白这样的道理：绝大多数事情都是很难自己独立完成的，而且一些事情也完全没必要只靠自己去完成，甚至根本不需要投入自己的时间。例如，你要送女朋友一束美丽的鲜花，你完全可以这样做：拿出手机，在网上花店购买下来，然后留下收花人地址与收花人电话，这束花就会很快送到你女朋友的手上。你完全没必要自己去市场买一大堆花回来，然后再花几个小时修剪、插花。当然，如果你对此很有兴趣，又或者想给女朋友一束亲自做的花，那就另当别论。

每个人的时间、精力、能力、资源等都非常有限，想要让自己做成更多事情，就一定要学会借力，让别人帮助你成功。而随着互联网的日益发达，我们可以借助的力量已经越来越多，而且借起力来也越来越方便。我们一定要学会利用这些很容易就能借到的力。总之，如果你想要取得大成就，赢得大回报，就一定要掌握借力成事的智慧；如果你想在有限的人生里活出更多的价值，就必须学会借力。学会借力，就能延长你的能力，帮助你自己创造出更多的价值。

要学会借力，首先必须要明确自己最擅长什么，然后将时间更多地投入到自己擅长的事情上，以争取到最大的利益，而其他不擅长的事，尽可能借助别人的力量来帮助自己做到最好。当你懂得充分发挥自己的优势，同时还善于借助他人的长处时，你会变得越来越强大，梦想与目标将更容易实现，你将达成更多辉煌的成就。

替别人着想就是替自己着想

清代文学家、书画家郑板桥说过："为人处，即是为己处。"翻译成白话文的意思是："替别人着想，就是替自己着想。"能主动吃亏、待人如己的人，在做人、做事等方面，往往都能获得更大的回报。当你做到首先考虑对方的利益，像为自己着想那样为对方着想，你就会有借不完的力，做不完的生意，和源源不断的收益。于是，你的事业必定能兴旺发达。

如果你以后想要有借不完的力，现在就一定要学会多为别人着想。从表面上看，先替别人的利益着想，先为别人作打算，会比较吃亏，但实际上，这是在为你日后借力做准备。你现在越善于帮助别人，越能替别人着想，日后当你需要别人帮助的时候，你越有助力。

有这样一个年轻人，从上大学二年级开始，就当起了"义务猎头"。从大二至大四的三年间，他联系过几十家企业，为400多名大学生介绍过工作，而这一切服务都是免费的。这位年轻人在解释自己为什么这么做时，给出的理由有二：一是希望在大学期间广交朋友，同时锻炼自己的人际沟通能力；二是为自己毕业后创业打下坚实的人脉基础。

为此，进入大学二年级后，他就开始热衷于帮助同学们介绍兼职了。那时候他发现，很多想在业余时间打工的同学，都找不到兼职的窍门，而企业想招兼职的人时，也常常找不到人。于是，他开始尝试在双方之间做沟通，搭桥梁。通过努力，他终于成功地帮助一家企业与几个想兼职的学生达成合作。有了第一次的成功，很快便有了第二次、第三次……到大四时，他已经帮助几十家企业与几百名大学学生兼职合作成功。

两年多下来，他大概为400多名学生成功地介绍过兼职。为了帮助同学们介绍兼职，他有时候一天的手机话费就要花掉50元。对此，他倒是很看得开，因为他虽然在企业与同学这两者身上都不收钱，但他平时也会帮助企业做一些项目，赚钱作为这项工作的补贴。而到了大四以后，他更是把每周的大半时间都花在为同学们介绍兼职上。

为什么帮同学们介绍兼职却不收中介费？这位“义务猎头”的出发点是这样的：“我这个人最喜欢结交朋友，当我介绍兼职时，就能认识到更多外校的同学。还有，尽管我从来不收‘中介费’，但会有很多其他方面的收获，例如在企业与兼职大学生之间做沟通工作，对我来说就是一项很大的锻炼，因为它帮助我学会很多人际沟通的技巧。”

除此之外，他也在为自己日后的创业做越来越多的准备。他说：“我毕业后想自己开一家会展公司，帮企业策划会展宣传，并从校园里招聘兼职大学生，因为这些人际关系都是现成的。”那些他帮助介绍过工作的同学也纷纷表示，如果他开公司需要招人，自己一定去报名。

现在，他的会展公司已经开业，还经营得很成功。为什么他的创业过程会比很多人要顺利得多呢？因为有一些企业和一些人愿意主动帮助他。而这些企业和人，都是他大学期间当“义务猎头”时结识下来的。这就是借力的好处，你不需要主动向别人借力，别人就主动来帮助你了。为什么别人愿意主动帮助你？因为你之前一直都在帮助别人！

如果你想要将来的你感激现在的你，就一定要现在开始努力做事，不断积蓄帮助你日后成功的力量；如果你想要将来拥有借不完的力，就一定要从现在开始，多帮助别人，多替别人着想。如果你不替别人着想，将来肯定没有人愿意帮助你；如果你总想着占别人的便宜，那么将来一定会后悔。

曾看过这样一则寓言。有一只狐狸在看到一户人家的窗户上挂着一串香肠后，馋得口水直流。怎么样才能吃到香肠呢？这时，狐狸注意到院里的狗，它狡猾地想：“我只要三言两语就能让这条蠢狗把香肠送给我！”于是，狐狸就和狗套起近乎：“兄弟，看到那串香肠了吗？你那吝啬的主人是不会给你吃的，我替你望风，你把它偷出来，我们一起大吃一顿，好不好？”

狗想了想，就让狐狸跟着它进到院子里。然后，狗对狐狸说：“你到草堆那里等着我，我去把香肠偷下来，就跟你会合。”没想到，狐狸刚走到草堆就惨叫一声。原来，它被一只鼠夹给夹住了。很快，屋主人走出来，用一根棒子把狐狸打死了。

有些人总想着去占别人的便宜，以为别人都不如自己聪明。但无数的事实证明，这样做的代价往往是“搬起石头砸了自己的脚”。就像寓言里的狐狸那样，以为狗很蠢，自己轻易就能占它的便宜，所以想借狗的力来吃到香肠，结果弄巧成拙，还送了身家性命。

想要向别人借到力，最大的前提是别人愿意借力给你。别人为什么愿意借力给你？肯定是因为别人相信现在或将来能从你身上得到好处、回报，又或者之前已经从你这里获得了好处、回报。无论是过去、现在或将来，只要你总能替别人着想，你就总能借得到力。

增强你的领导力，激励更多人为你打拼

想要借到更多的力，随时都能借得到力，最有效的方法就是让自己拥有强大的领导力。说到领导力，也许有些人理解得比较片面，认为领导力是那些所谓的领导者才应该关注和具有的能力，不是当领导的人没必要关注和具备。但是，我们每个人都是一个领导者，每个人都具备领导力的特质。只是大多数人都没有挖掘，更没有利用。

那么，什么是领导力呢？简单地说，领导力就是一种影响力。领导力有两层含义，一是激发他人跟随你一起工作，鼎力相助你达成某个目标的能力；另一层含义就是使别人因你的领导而做出他们本来不会或无法去做的事情的能力。

拥有强大领导力的人，会拥有强大的影响力，然后能吸引别人主动追随他们。拥有强大领导力的人，能给追随者们以强大的力量，鼓舞他们协助他朝着他的理想、目标和成就迈进。领导力不但体现在对成功的追求中，在工作场合中，在日常交往、团队活动以及家庭生活中都随处可见。

世界上有两类人：一类是领导者，另一类是跟随者。一个人不可能从一开始就是领导者，但不能永远都是一个跟随者。如果命运让你暂时成为一个跟随者，你也必须做一个聪明机智的跟随者，就像日本三洋公司的创始人井植薰那样。

井植薰从小就在松下电器制作所打工。尽管制作所的老板松下幸之助是他的姐夫，但井植薰仍然从一名最普通的学徒干起。当时的松下电器制作所还只是一个规模比较小的私营企业，员工总数不足100人。人数虽然不多，但松下对企业的管理十分严格。为了便于管理和激励员工，松下把工人们划分为四等，分别是一等、二等、三等和学徒，各级之间有严格的分工，绝不能越级。

学徒是工人里等级最低、最辛苦的人，除了睡觉，他们很少有机会离开工厂。打水、扫地、擦窗户、送货……所有的杂活全部都由学徒们来完成。繁重的体力劳动，使学徒工们一天下来累得精疲力尽，下班后大多数学徒工都会把自己扔在床上，一觉睡到天明。然而，不甘平庸的井植薰在这样的环境下，凭着惊人毅力，完成了8年的夜校学习，以优异的成绩修完了机械制造与商业会计这两个专业。

过了几天，松下把井植薰晋升为三等工人。不过井植薰不是一个安于现状的人，在他的心里，他的姐夫松下幸之助一直是他崇敬与效仿的对象。松下9岁离家，最早在一家煤炭店当学徒，之后在商行推销自行车，而松下实际上做的是修理工。松下之所以进入自行车商店，是因为他已经感觉到，在当时属于高档消费品的自行车将很快普及。几年后，大街小巷随处可见的自行车也印证了松下的推测。

后来，松下转到电灯公司。当时的大阪家家户户点的都还是蜡烛或煤油灯，电灯被认为是一种普通家庭无法承受的奢侈品。但松下凭着自己敏锐的判断，料定这种电器的普及将是大势所趋。他毅然辞去了电灯公司职员的稳定工作，开办了属于自己的松下制作所。从此，他便开始自己光辉灿烂的成功之路。

井植薰在松下的身上看到自己的未来，于是努力学习与效仿松下的成功经验，准备有朝一日自己也创造一番事业。

在努力工作和出色表现之下，井植薰不断晋升，先是被任命为松下电器制作所的主任，继而担任了松下第二事业部的主任，之后又被派往上海筹建的松下电子株式会社……经过25年的艰苦努力，井植薰从一名学徒，成长为松下公司的常务董事兼制造部长。

就在此时，他觉得时机已经成熟，便离开松下公司，准备自己创业。这一年，他38岁。很快，他便成立了三洋公司。在井植薰的努力经营与科学管理下，三洋公司经过几十年的发展，由一家名不见经传的小企业一跃成为享有国际盛誉的大型集团公司。

井植薰之所以能够取得巨大的成功，首先要归功于他拥有强大的领导力。而他的领导力是怎样练就的呢？是通过多年待在自己的姐夫、世人称之为“经营之神”的松下幸之助身边，逐渐学会的。这启示我们，领导力不是某些人的专利，是可以通过学习锻炼出来的。

跟随才有追随。如果一个人想拥有强大的领导力，就一定要先学习当一个被领导者，也就是说，要懂得怎样去做好一个跟随者。在当好一个跟随者的过程中，不断学习你的领导者是如何利用领导力来成就大事的。当你有一天发现自己可以“出师”时，你也就拥有了强大的领导力。当你拥有强大的领导力，就会产生巨大的影响，从而吸引来众多的跟随者前来跟随你，帮助你实现你自己的目标与理想。

乐于分享，帮助你的人就会越来越多

当我们还是孩子的时候，可能就已经懂得这样一个道理：你有一个橘子的时候，在伙伴面前千万别独自把它吃掉，因为你把这个橘子独自吃掉，你就只是吃了一个橘子而已，只吃到橘子的味道。但是如果你把这个橘子拿出来分给伙伴吃，尽管当时你只吃到半个橘子，但你却能得到伙伴们的友谊和好感。当你需要帮助时，你就可以找他们为你提供帮助。

只可惜，当我们长大以后，却似乎忘了这样的道理。如果你不愿意和别人分享，别人就不会和你分享。于是，当你想做成什么事时，也就没有什么人会愿意来帮助你，于是你就借不到什么力。只有当你经常主动跟别人分享你所拥有的，你才会获得越来越多的助力，以及越来越丰厚的回报。

乐于分享，最能体现一个人宽广的心胸与无私的人品。拥有这样心胸与人品的人，往往会有很多人愿意和他来往，在他需要助力的时候，都愿意主动来帮助他。绝大多数时候，人与人之间都是相互的。当你主动与人分享时，你也会得到别人的回馈。与不同的人分享，你会得到不同的利益。与人分享后，得益之人必将在日后有机会的时候，主动地回报你当初的给予。

对于上述道理，作为老板的老哈里斯非常懂。可以说他也是一个善于分享的人。在美国遭遇经济危机的时候，小哈里斯正经营着一家手工作坊。很不幸，经济危机使他陷入困境之中，他的产品卖不出去，所以资金周转不开，而随着物价的暴涨，他更是面临雪上加霜的境地。如果再这样下去，他很快就要破产。这时，有一位朋友劝他赶快裁员，以减轻负担。小哈里斯想了几天，终于准备采用朋友的建议，进行裁员。

没想到，小哈里斯打算裁员的消息被一位老员工偷听到，并告诉了快要退休的老哈里斯。老哈里斯马上来到办公室，坚决反对小哈里斯的裁员计划。小哈里斯不服，老哈里斯当场解除了小哈里斯的职务。

这时眼看就要到中午开饭的时间了，老哈里斯便走进工人餐厅。结果他发现大家都是一脸苍白，不用想也知道是营养不良。然后他看了看大家的餐盘，居然有很多快要烂掉的蔬菜。老哈里斯心里特别难受，便立刻从街上的小餐馆花几美元买回一些热狗，然后端进了餐厅，哽咽着说："兄弟姐妹们，你们受苦了。现在，我已解除了小哈里斯的职务。虽然我们现在正处在困难时期，但我不想放弃你们任何一个人。从今以后，每天中午我都和你们一起吃饭。尽管现在我没有能力给你们带来富裕的生活，但只要我还有钱，就绝对不让你们受苦。所以，以后每顿饭，热狗是绝不会少的。"大家一听，都欢呼起来。

即使在那个时候，几美元也不算大数目，但老哈里斯在这个非常时期能够从自己的"大锅"里分享给工人们"一杯羹"，大家自然会对老哈里斯越发爱戴。事实上，这几美元所带来的效益是无法估量的，因为工人们对老哈里斯心存感激，于是拼命干活，努力降低成本，最终竟然使这个手工作坊渡过难关。后来还不断发展壮大，最终成为美国著名的电器公司。

老哈里斯只是从自己的“大锅”分享了“一杯羹”给工人们，但大家却创造出无数倍的“羹”。这就是主动分享，善于分享的力量。

有些人习惯于保守住自己的资源，生怕被别人抢走。这种情况在销售员群体里表现得尤为明显。因为很多销售员认为，对销售这个行业来说，一旦客户资源被同行抢走，就可能直接影响到自己的业绩甚至前途。但事实并非如此，只要你善于交换，分享在某种程度上还能扩宽你的资源。正如世界一流销售大师汤姆·霍普金斯在其出版的著作里写的：“要选择一些能干的销售员与你作交换。交换包括两个内容：一是交换客户名单，二是相互介绍顾客。你要先打第一个电话，告诉销售经理你想要做什么，问他你应该在他的公司里找谁做你的交换市场，然后那位销售经理就会安排某个人来做你的交换市场。”

在销售中，交换资源是拓展资源的最有效的方法。当你愿意主动与朋友们分享，包括分享你的智慧与力量，也包括分享你的各种资源，这时候就可以很好地拓展你的资源了。

把亏吃在明处，让更多人来成就你

相信很多人都知道“吃亏是福”的道理。为什么说吃了亏反而是一种福？因为“吃亏是福”其实是一个利益交换公式，现在吃亏其实是想换得将来的助力、回报。但是，吃亏时，我们要让对方明白，你吃亏是为了帮助他，否则就会变成“哑巴吃黄连，有苦难言”。

真正的智者大都会吃亏，但是会把亏吃在明处。蒙牛集团的董事长牛根生是闻名遐迩的企业家。不知你是否相信，正是他的养母的两句耐人寻味的俗话，造就出一位非凡的商业明星。

1958年出生的牛根生未满月就以50元人民币被卖给了养牛的牛家，因此改名为牛根生。牛根生回忆道：“唯养母嘱咐我的两句话终身难忘，一句是‘要想知道，打个颠倒’，另一句是‘吃亏是福，占便宜是祸’。”

第一句：“要想知道，打个颠倒。”

对于这句话，牛根生曾经这样感慨道：“经营中的98%关乎人性，只要换位思考，将对方关心的利益想清楚了，凡事就可迎刃而解。”所以，牛根生在创业初期采用“韬光养晦”的方式，他曾经说过：“向伊利学习，为民族企业争气，争创内蒙古乳业第二品牌！”为什么他会这么说，因为他不是蒙牛的注册法定代表人。牛根生还制定了“收奶三不干”政策，从而避免与老东家发生正面冲突。甚至当蒙牛的广告牌被砸之后，牛根生也是讳莫如深，闭口不谈。

在牛根生参加伊利十周年的庆祝大会时，他说：“我最好的年华，奉献给了伊利，在这里流过的泪、淌过的汗、洒过的血，比在蒙牛多得多！”这一做法，恰恰是牛根生“要想知道，打个颠倒”的又一有力证据。他真心实意地希望伊利集团能够站在自己的立场上，进行一次换位思考，思考他应不应该自立门户。

第二句：“吃亏是福，占便宜是祸。”

其实，在牛根生很小的时候，就已经深知此道。他因为养父母的特殊身份遭人殴打，却打不还手，因为他小小年纪就已经深深明自：“不还手挨的打会少得多，一旦还手就可能没完没了地挨打！”

领导奖励给牛根生的豪华轿车，被他换成四辆面包车，然后奖励给下属；而108万元人民币的高额年薪，甚至还曾经被下属欢天喜地地“瓜分”。

在牛根生成为蒙牛的董事长后，他的车、办公室、工资、住房、股份等等均不如其副手，为此他满不在乎地“自嘲”为“五不如”董事长。2000年，他还出人意料地把林格尔政府奖励给自己的一台价值104万元人民币的凌志车，换成捷达车交给副董事长。牛根生成立“老牛基金”，捐出自己的股份。最终让自己“千金散尽”。

正是因为牛根生深谙“吃亏是福”的道理，而且还知道把亏吃在明处。所以牛根生才能深得人心，得到了更多的回报。

吃亏是福。善于吃亏，会把亏吃在明处，就一定会有非常多的人愿意来和你合作，帮助你成就事业。前“中国香港首富”李嘉诚也很懂得“吃亏是福”，“把亏吃在明处”的道理。李嘉诚是中国香港十多家公司的董事长或董事，每年都可以从每一家公司里领到或多或少的袍金（袍金，就是董事为公司工作的报酬，包括薪金、佣金、花红、车马费等），但他总是把所有的袍金都归入到长实公司的账上，自己全年只拿5000港元。以20世纪80年代的水平，像长实这样盈利状况甚佳的大公司的主席袍金，一间公司就该有数百万港元，5000港元还没有公司里一名清洁工的年薪高。进入20世纪90年代，袍金更递增到1000万港元上下。而李嘉诚30多年来袍金的处理方式依然维持不变。

李嘉诚每年放弃上千万元袍金，却获得公司众股东的一致好感，并且更加信任长实系的股票。甚至，当李嘉诚购入其他公司的股票时，那些投资者也会紧随其后。李嘉诚是大股东，长实股票被抬高，长实股值大增，得大利的自然还是李嘉诚。就这样，李嘉诚每次想办大事时，总会很容易便得到股东大会的通过。“吃亏是福，把亏吃在明处”的好处于是就体现出来！

李嘉诚一生中与很多人合作过。合作完成后，他总是愿意自己少分一些钱。如果生意做得不理想，他就什么都不要。正因他信奉“吃亏是福”且善于“把亏吃在明处”，所以令无数人都愿意与他合作，因此他的事业得以越做越大，他在“香港首富”的宝座上一坐就是30多年。

学会吃亏，把亏吃在明处，是一种高明和有远见的做法。勤吃明亏，则是一种加快在朋友之间进行感情投资的步伐和积极行为。须知，学会吃亏，是一项为获得处处助力而必须进行的投资。如果你希望将来有越来越多的人主动前来帮助你，从现在开始，请你学会吃亏，善于把亏吃在明处。

第七章

坚持

锲而不舍做对的事，必苦尽甘来

坚持就是胜利，半途而废是很可悲的事

如果你留意观察工作中的人们，你会发现，做事情往往有两种主要的方法：一种是激情式的做事方法，就是在短时间内依靠自己的热情，一鼓作气地把事情全部完成；另一种是平淡持久式的做事方法，就是做事稳扎稳打，无论事情有多么艰难，都能依靠顽强的意志，让自己把事情做到底，直到事情完成。

不可否认在做事过程中，激情是我们所需要的东西，但我们更需要持之以恒的坚持精神。有很多人能够在短时间内依靠激情，帮助自己把用时不多的事情做好。但是，一旦让他们去完成一件需要花费很长时间才能完成的事情，他们就往往做不好，甚至半途而废。然而，任何一个令世人瞩目的成就，都需要经过长时间的努力才能完成。如果没有坚持精神，遇到困难时就放弃，是不可能取得任何较大的成就的。

古希腊哲学家苏格拉底曾给他的学生们布置过这样一项特殊的“家庭作业”。他让学生们回去，坚持让两只胳膊每天前后甩动一个小时。苏格拉底

对学生们说，这个运动做起来虽然枯燥，但只要你们能坚持做下去，就会有意想不到的收获。学生们听后，有一半以上的人都不以为然。

一个星期以后，苏格拉底问学生们，谁每天都在坚持做他布置的“甩手运动”。结果，全体同学都向他举手，然后说自己每天都在做。一个月以后，苏格拉底又问大家，谁每天还在坚持做他布置的“甩手运动”。这时候，这群学生里大约有一半人向他举手，说自己还在坚持做这个“甩手运动”。三个月以后，苏格拉底再问他的学生们，谁每天还在坚持做他布置的“甩手运动”，这一次，举手说自己还在坚持做的学生只有不到四分之一了。一年以后，当苏格拉底再一次问起这个问题时，学生里只有一个人举手，说自己现在还每天坚持做“甩手运动”，这个学生就是柏拉图。

“甩手运动”做起来很容易，坚持做几天也很容易，坚持做“甩手运动”三五个月恐怕也不难，但要坚持一年以上就不容易了。有人把这种能够一直把一件事情坚持下去、坚持到底直到成功（或者到布置任务的人喊“停”为止）的精神称为“驴子精神”。为什么会这样说呢？因为驴子有两个特点，一是特别有韧性，二是非常倔强。换言之，具备“驴子精神”的人是最能坚持的人。

这里有一个故事，很能说明什么是“驴子精神”。有一天，一头驴子不小心掉进一口枯井里。驴子的主人想了很多办法都没能把它拉出来，所以只好决定用泥土将枯井和驴子一起埋掉。驴主人找来一些人，拿起铲子开始铲土填井。当第一铲土落到井里时，驴子就明白主人的意图，于是发出悲鸣。但第二铲土扔下去时，驴子反而安静下来。大家发现，此后每一铲土落下时，驴子都在做一件令人惊奇的事情：它努力抖落掉在背上的泥土，然后踩在脚下，把自己垫高一点。人们不断往井里铲土，驴子就不断抖落身上的泥土，使自己不断往上升。终于，在大家惊奇的目光里，驴子潇洒地走出了枯井。

“坚持”这种行为，在辩证法里也是一个重要的议题。在辩证法里，有一个量变质变定律，讲的就是当量变积累到一定程度时，就会发生质变。如何做才能让量变积累到质变呢？靠的就是坚持！量变成就质变，平凡成就伟大。想要获得巨大成就，只需要坚持不断地让自己每天进步一点点，坚持得久了，成就就会变大，帮你实现本质上的超越。

有一位著名的销售员，是行业里的销售冠军。更重要的是，他已经连续20年每年都是行业里的销售冠军！在过去的这些年里，很多人都希望他能说出他成功的秘诀，但他却一直不说。后来，他要退休了，于是决定公开自己成功的最大秘诀。在退休的前一天，他做了一次公开演讲。之前在筹备这次演讲时，他已经跟大家说，他要在演讲会上公开自己成功的秘诀。于是演讲当天，成千上万的人涌进会场，为的是能学习到成功的秘诀。

这位马上要退休的销售冠军的演讲方式很奇特。只见会场大门一打开，便有几匹马拉着一个大铁架，大铁架上用铁链吊着一个巨大的铁球。

这时，销售冠军对大家说：“你们想知道我成功的秘诀吗？其实很简单。”只见他一边说一边用一个小铁锤在大铁球上轻轻地敲了一下，然后，每隔一分钟敲一下。初起，大家看到大铁球纹丝不动，有些观众就生气了，说“我们花钱是要来了解成功秘诀的，你这个人却好像在戏弄我们，这简直是一场骗局。”于是，有些人便将手中的物品扔向讲台，谩骂声充斥着整个会场。

这时候，这位销售冠军却镇静自若，仍然每隔一分钟就敲一下铁球。这时，有一个站在大铁球旁边的人正仔细地观察着铁球。销售冠军敲了好一会儿后，他发现这个大铁球好像已经有了一点点摆动。当他把这种情况告诉周围的人后，大家逐渐安静下来。随着敲击铁球次数的增加，大铁球摆动的幅度开始变得越来越大。到后来，大铁球居然像钟摆一样快速地左右摇摆起来。看到此情此景，整个会场都轰动了。

这时，销售冠军向大家公布了自己的成功秘诀，那就是：只要让自己每天进步一点点，持之以恒，坚持不懈，当努力付出得足够多时，量变就会成为质变，于是成果就会源源不断地涌现。

英国著名作家狄更斯说过："在你坚持不下去的时候，你坚持下去就是了。"在工作和生活中，我们都会有坚持不住的时候。但在黎明到来之前，被黎明前的短暂黑暗所征服，是世上最可悲的事。所以，当你感觉自己坚持不下去时，请想一想狄更斯的话。

无法逃避的一课：我们不可能不遭遇挫折

无论在生活里还是工作中，挫折都是我们无法逃避的一课。

如果你为别人打工，无论你能力有多强，你也不可能什么都懂，当你遇到自己不懂的事情时，困难便来了。如果你为自己做事，你也必须拥有一定的客户才能养活你自己。你的客户不可能都是脾气好、对你没有任何挑剔、不会对你有任何要求的人。所以，无论你的产品、服务或者创意有多么的好，也总会有人对你不满意。当有客户对你的努力很不满意时，你的挫折便来了。

如果你以为当一个自给自足的农民，就不会遭遇困难与挫折，那你就大错特错了。无论你种粮食种水果还是种别的，都有可能会遇到虫害，还有就是万一没有人来收购，又或者收购价比成本价还低，你怎么办？如果你是养家禽还是养鱼，又或是养别的，让你操心的麻烦事就更多了，这些全都是困难，一不小心就会让你遭受挫折与失败！

……

但是，正是因为在追求成功的路上，会遇到各种各样的困难、挫折与失败，所以当我们成功的到达我们最想要到达的目的地时，我们才会更加珍惜我们现在所拥有的成就。越是历尽艰辛得到的东西，才越显得弥足珍贵；越是轻轻松松得到的东西，我们越不会珍惜。但归根到底最重要的是，只要我们还拥有着积极向上、追求美好的心，我们就一定要习惯于面对困难、挫折与失败，然后学会解决困难，把挫折与失败踩在脚下，然后向着成功继续进发。

所有的成功人士都认为，困难、挫折与失败，是我们追求成功路上无法逃避的一课。我们想要把这一堂课上好，就一定要勇敢面对它们，然后想方设法解决困难，从挫折与失败的阴影中走出来，并从挫折与失败中吸取教训，作为我们成长的养分。

对于我们来说，困难、挫折与失败还有一个积极的作用，那就是可以锻炼我们内心的承受能力，让我们的内心变得越来越强大，越来越能承担责任。只要我们活着，就必须承受一定的负荷，这个负荷不是肉体的而是心灵的负荷。承受能力不是与生俱来的，而是靠后天在生活与工作中不断锻炼，才得以强大起来的。锻炼的方式，其实就是不断遭受困难、挫折与失败，然后又不断克服困难，从挫折与失败的废墟上站起来，然后继续向前走，迎接下次困难、挫折与失败的到来，经受下一次的洗礼。

困难、挫折与失败是我们人生路上必须经历的，绝不能逃避。如果逃避了，后果反而很严重。曾记得这样一个故事。有个男孩看见一只正在努力从虫卵中挣脱出来的蝴蝶。出于同情心，他想帮助这只蝴蝶打开它的虫卵。他的父亲阻止了他，因为男孩的帮助，将意味着蝴蝶的死亡。对于蝴蝶来说，这场“斗争”对于它很重要，因为它必须经历这个过程，才会获得一双强健、有力的翅膀。没有这次努力破茧而出的经历，蝴蝶永远也飞不起来。

美国前总统比尔·克林顿当政后，美国经济开始了又一次的腾飞。这段经济奇迹持续了10年。在这段时期，有很多人为美国经济的重新腾飞做出过突出贡献。在这些人里，有许多人在小时候都经历过很严重的经济危机。正因为如此，他们学会了和困难打交道的本领。如今，这些创造很多辉煌成就的人逐渐退休，然后把位置让给自己的儿女。但他们的儿女由于是在顺境中长大的，从来没有经历过危机，所以与困难打交道的能力比较弱，结果每次遇到困难、挫折与失败时，他们就会选择逃避。最终，他们将无法胜任他们的工作！

早在很多年前，美国前总统亚伯拉罕·林肯就忠告过世人："你们可以帮助这些人做他们应该、并且能够自己为自己做的事情，但是你们无法永远地帮助他们。"这些人，大多数时候指的是自己的儿女。家长如果在孩子成长过程中总是替孩子解决困难，不让孩子去与困难打交道，去遭受挫折与失败，孩子长大以后，还是会不断遭到困难、挫折与失败。无论如何，孩子的人生始终要由他们自己来尊重。

总之，无论是孩子还是成人，困难、挫折与失败都是不可避免的。你越早掌握了与困难、挫折、失败打交道的本领，就能越快从挫折与失败中挣脱出来，并且从中收获智慧和能力。

别放弃！失败是通往成功的中转站

生活在大草原上的人很可能都听过这样一句话：“最好的摔跤手是在大地上摔出来的，最好的骑手是在马背上颠出来的。”这句话隐含的意思是：失败是追求成功过程中一个又一个的中转站，当你遭受到失败，就相当于你要在这一站换车。你失败了几次就相当于换了几次车。但是，你的目的地并没有变，依然是你最想要到达的梦想之地。

当你最终成功攀上辉煌的顶峰时，你就到达了一次成功旅程的终点站。如果你想继续追求下一个成功，你也可以选择踏上新的征程。任何最终取得巨大成功的人，在他们还没有成功之前，虽然一次又一次地失败，与冠军无缘，与成功无缘，但从来没有与失败握手言和过。因为他们知道，失败只是通往成功路上其中一个中转站而已。

有一家大企业因为业务扩展，所以公开招聘部门主管。招聘信息一出，应聘者云集。这些应聘者大多数都是高学历、多证书、有相关工作经验的人。经过三轮淘汰，还剩下11位应聘者，最终公司决定留用6位。

第四轮考核时，公司总裁亲自前来面试。这时，出现了一件比较奇怪的事。原来，面试考核的现场出现了12位应聘者。于是总裁问道："谁不是参与应聘考核的？"这时，坐在最后一排最右边的一位男子站起来，说道："您好！我是第一轮就被淘汰的应聘者，但我想参加这一轮的考核。"

在场所有人都笑了，包括一位站在门口闲看的老人。总裁饶有兴趣地问："你第一关都过不了，来这儿有什么意义呢？"该男子回答道："我掌握了很多财富，我本人就是财富，所以我觉得自己能为贵公司创造财富。"大家又是一阵哄笑，觉得这个人不是自大狂，就是有妄想症，要不然就是神经病。

这个人没有理会大家的哄笑，接着说道："我只有本科学历，有一个中级职称，但我有11年工作经验，曾经在18家公司任职……"总裁打断他，说："你的学历、职称都不算高，工作了11年倒是经验挺丰富，但你先后在18家公司干过，跳槽太频繁，我并不欣赏这样的人！"

面对总裁的质疑，他先是报以微微一笑，然后从容地解释："其实我并没有跳槽，而是那18家公司都先后倒闭。每次都是我所在的公司倒闭，我才重新去找的工作。"这时，一个面试者插话说："你还真是个倒霉蛋啊！"

男子又微笑了一下，然后说："我从来没觉得自己倒霉，反而觉得自己很幸运，因为这些都是我的财富。我很了解那18家公司，我曾与同事努力挽救过那些公司，虽然都没有成功，但我从那些公司的错误与失败中学到许多东西。可以说，别人都没有但我拥有的，是极为丰富的避免错误与失败的经验。我深知，成功的经验大抵相似，失败的原因却各有不同。与其用11年时间学习成功经验，不如用同样的时间研究错误与失败。别人成功的经历很难成为我们的财富，但别人失败的原因却能成为自己的财富！”

这时，站在门口的老人走进来，然后开始给总裁倒茶。而男子继续说道：“这11年经历的18家公司，培养、锻炼了我对人、对事、对未来的敏锐洞察力。例如，我认为，真正的主考官是您，而不是他。”男子一边说一边把手掌摊向倒茶的老人，做了一个介绍的动作。全场面试者都纷纷把目光聚到倒茶的老人身上。老人笑了笑，说：“你说对了！现在我宣布，你被录用了。”

在这个故事里，这名第一轮就被淘汰但依然没有放弃的男子，在和总裁的对话中所说的这些话非常引人思考。很多人都害怕失败，有些人甚至在遭遇失败后，就感觉天仿佛都要塌了，前途一片灰暗了，自己不想活了等等。其实，失败根本就没有想象中那么可怕，只要你认真对待失败，然后想方设法从失败中走出来，重新出发，努力让自己下一次赢得成功。

对于失败的态度，故事里的男子提供给我们一个非常好的示范。事实上，只要我们正确面对失败，那么失败就是一笔财富，谁拥有它，谁反而拥有更多经验和助力。因为每一次失败，都可以是我们向着成功巅峰攀登的阶梯；每一次失败，都可以是我们开往成功目的地的中转站；每一次失败，既可以成为埋葬一切的坟墓，也可以成为“而今迈步从头越”的起点。

有一天早上，某高中某班的全体同学都来到化学实验室，准备上化学实验课。这时，老师把一瓶牛奶放在桌子边上，大家都看着这瓶牛奶，不知道它与这节课有什么关系。突然，老师站起来一掌把那瓶牛奶打碎在水槽里，牛奶很快就流到下水道里去了。在同学们惊讶与茫然的表情中，老师大声说道：“不要为打翻的牛奶而哭泣！”

同学们都在安安静静地品味着这句话。过了一会儿，老师继续说道："你们这一辈子都要记住这一课，这瓶牛奶已经没有了，无论你怎么着急，都没有办法再挽救回来。只有事先加以预防，牛奶才可以保住。但牛奶已经没有的时候，我们最应该做的就是把它忘掉，迅速去做其他重要的事情。"当看到同学们纷纷点头后，老师又说道："下面我们正式开始上化学实验课。"多年以后，同学们已经不记得这堂化学实验课都做了什么实验，但"不要为打翻的牛奶而哭泣"这句话却一直都不曾忘记。

"不要为打翻的牛奶而哭泣"这句话很普通，道理也很简单。但这样简单的道理，却包含了人们很多年来所总结的智慧。打翻牛奶，可以理解为一次失败。当失败发生后，如果还能补救，就马上以最快的速度去补救；如果做什么都已经于事无补，就从失败中吸取教训，然后从失败的阴影中走出来，去做更有意义和价值的事。

瑞典著名化学家诺贝尔曾在一次实验中，不慎引发一场特别大的火灾，连他亲爱的弟弟也在这场大火中不幸遇难。对此，诺贝尔的内心充满自责，认为自己无法再去面对母亲、面对家人，曾想过就此放弃化学研究的事业。所幸的是，一段时间后他的内心恢复了平静。他想到，如果自己就此放弃事业，反而会愧对死去的弟弟。于是，他重新振作起来，回到实验室，总结上次实验失败的经验与教训，向下一个目标迈进。通过不断努力，后来他取得一次又一次化学研究上的成功，拥有355项专利发明。而世人皆知的诺贝尔奖就是以他的名字命名的，奖金则源于他留下来的遗产。

再惨痛的失败，都只是我们通往成功的一个中转站而已。如果你遭遇到失败，然后就放弃继续向前的脚步，必定无法抵达成功的终点站。只有屡败屡战，才能成为最后的胜利者，甚至最大的赢家。人一生中总会犯一些错误，遭遇一些失败，我们能够做的只有从过错和失败中总结经验，吸取教训，避免以后再犯类似的错误和遭受类似的失败。

做有毅力的人，用顽强意志去克服困难

车尔尼雪夫斯基说过："只有毅力才能使我们成功。"居里夫人认为："人要有毅力，否则将一事无成。"狄更斯指出："顽强的毅力能够征服世界上任何一座高峰。"可见，如果你想要在应该努力的年纪选择拼搏，追求你最想要得到的成功，就一定要让自己成为一个特别有毅力的人。

毅力，也叫意志力，是人们为达到预定的目标而自觉克服困难、努力实现目标的一种意志品质。当你成为一个很有毅力的人之后，无论你遇到什么困难，都能够勇敢地面对，然后想方设法解决。无论你遭遇什么样的挫折与失败，你也能够很快爬起来，继续向着既定目标前进，锲而不舍，坚持不懈，直到目标达成。

美国有一个真实的故事。故事的主人公出生在阳光普照的棉花之乡——美国阿肯色州的金特兰。从小时候开始，他就经常下地劳动；高中毕业后，他参军离开家乡。不久之后，部队便将他派去德国。在德国期间，他从一个军人商店里买到自己有生以来的第一把吉他。因为他从小到大都有一个梦

想，那就是当一名歌手。

在服役期间，他利用闲暇时间开始自学吉他弹奏。当他能够利用吉他熟练地弹奏音乐时，便开始练习唱歌。当他能够一边弹奏吉他一边从容地唱歌后，便开始尝试创作歌曲。为了让自己日后成为一名歌手，他利用一切属于个人的时间，努力地掌握必要的基础能力。

在军队里服役期满后，他开始努力工作以实现当一名歌手的夙愿，可是刚开始时他并没有成功。当他向唱片公司自荐自己时，也都被拒绝了。当他想去酒吧之类的地方驻唱时，没有任何人愿意邀请他去唱歌。他想去应聘电台音乐节目广播员的职位，最后也落选了。

为了维持生计，他只能挨家挨户地去推销各种生活用品。不过，尽管生活艰难，他也从来没有放弃过自己的音乐梦想，他一直坚持着自己的梦想！一有空闲时间，他就会坚持练习唱歌。待有了一点点积蓄后，他便组织了一个小型的乐队，然后到各个教堂或者小镇去巡回演出，扩大自己的影响力。

后来，他录制了一张奠定他音乐工作基础的唱片。正是这张唱片，令他很快便拥有了两万多名的歌迷粉丝。接下来，随着他的歌越来越受欢迎，他获得空前的成功。他很快拥有了巨额的金钱、至高无上的荣誉、在全国各大电视栏目亮相的机会……他火遍北美，甚至“蔓延”到欧洲、亚洲！他的名字叫约翰尼·卡什。

但迅速到来的巨大成功，也会很容易冲昏一个人的头脑。很快，他就要经受人生中的第二次特别严峻的考验。经过这几年大量的巡回演出，他的身体已经被拖垮。每到晚上，他都必须依靠安眠药才能入睡，而且还要靠吃一些“兴奋剂”来维持第二天的精神状态。他开始染上一些恶习，例如酗酒、服用催眠镇静药和刺激兴奋性药物。再后来，他的恶习日渐严重，他逐渐对自己失去控制。他甚至一度被关进了监狱里。有一段时间，他的身体和精神状况差到每天必须吃100多片药才能维持的地步！

有一天清晨，当他从美国佐治亚州的一所监狱里刑满出狱时，一位行政司法长官对他说："约翰尼·卡什，我今天要把你的钱和麻醉药都还给你，因为你比别人更明白你能充分自由地选择自己想干的事。看，这是你的钱和药片，你现在就把这些药片扔掉吧，否则你将毁灭自己，你自己选择吧！"

卡什选择扔掉药片、重新做人。他坚信自己能洗心革面，于是找到自己的私人医生，跟医生说了自己康复的决心和计划。医生不相信卡什拥有如此大的毅力，认为他很难改掉吃毒品的恶习。

卡什却不管医生怎么想，他决定要重新做人，就要说到做到！无论谁跟他说"不可能"都无关紧要，只要自己觉得"一定办得到"就行。他回家后把自己锁在卧室里闭门不出，一心一意要根绝毒瘾。在他戒毒期间，每时每刻都有两种选择摆在他的面前，第一种是毒品的诱惑，第二种是他歌唱梦想的召唤。最终，他选择了第二种，而他强大的毅力也让他坚持到最后，最终戒掉毒瘾！

经过9个星期的煎熬和折磨，拥有强大毅力的他，最终恢复到当初刚刚出道时的样子。恢复健康后，又过了几个月，他成功地重返舞台，再次引吭高歌。通过坚持不懈的努力与拼搏，他终于又一次成为超级歌星，还多次获得如格莱美大奖这样的至高奖项。

《信仰的力量》的作者路易士·宾斯托克曾说过："人生乃是长期在考验我们的毅力，唯有那些能够坚持不懈的人，才能得到最大的奖赏。毅力到了一定地步就可以移山，也可以填海，更可以从芸芸众生中筛选出成功的人。"

如果你希望命运之神把最大的奖赏给你，如果你希望上天能从芸芸众生中把你筛选出来，让你成为成功的人，你就一定要让自己成为一个特别有毅力的人，用顽强的意志去克服一个又一个困难，尤其是那些看似不可能解决的困难。当你拥有坚持不懈的毅力后，你一定会越来越被命运之神与上天所垂青。

坚持每天进步一点点，理想终会实现

世上没有捷径，成功没有偶然。凡是想得到你特别想得到但你一直都得不到的东西，你就必须付出很多努力，吃很多苦，才有可能得到。当你得到这个来之不易的东西的时候，对你来说就是一种成功。轻轻松松就能得到某样东西，对于任何人来说都不是一种成功。因为来得太容易的东西，不会有成就感，自然也不会珍惜。

最简单也是最难的成功方法，就是在正确的方向上，坚持每天进步一点点。有这样一位成功人士，用了三年时间，从身无分文到成为百万富翁。在努力奋斗的过程中，每天做俯卧撑对他后来能取得成功的影响最为巨大。

曾经有近三年的时间，他每天都做俯卧撑。做这项运动的起因，是因为他只身一人来到外地谋生，在那里举目无亲，而且各方面生活条件又很差，他自知身体不能垮掉，不能生病，于是便开始了这项简单的体育运动。

在当时的情况下，除了身体不能垮以外，最重要的就是面对巨大的生存压力，意志更不能垮。每天坚持做俯卧撑，尤其是每一次要做上百个时，就真的非常能磨炼耐力与意志。进行这项运动，真可谓是一举两得。

第一天，他俯卧撑做到十个就开始喘气。然后，他以十个开始，然后每两天比前两天增加一个；两个星期以后，每天比前一天增加一个；三个月后，每天比前一天增加两个；半年后，每天比前一天增加五个；一年后，他能以每天比前一天增加十个的速度递增……到后来，他一次能做六百多个俯卧撑，而且每天早晚都做一次！从他做俯卧撑这件事上，你是否已经发现了他成功的秘密？是的，他的一个成功秘密其实就是，在正确的事情上，坚持每天进步一点点。

成功的秘密看起来其实都很简单，但要做到却很不容易，因为它需要长期的坚持。

美国标准石油公司曾经有一位小职员叫阿基勃特。从进入标准石油公司上班开始，他无论在任何时候，只要是在签自己的名字时，他都会在名字下方写上“标准石油，每桶四美元”字样。例如，在出差住旅馆的时候，在写信给别人时，在收据上……但凡需要他签名的时候，他总是会在写完自己的名字后，然后在自己签名的下方，写上“标准石油，每桶四美元”这几个字。他还因此被同事们叫作“每桶四美元”，而他的真名倒没有人叫。

标准石油公司的董事长约翰·洛克菲勒知道这件事后，很好奇地说：“竟然会有职员如此努力地宣扬公司？我要见见他。”于是，他便邀请阿基勃特一起共进晚餐。由于阿基勃特一直拼搏努力地为标准石油公司工作，所以，后来约翰·洛克菲勒卸任董事长一职时，他没有让自己的儿子来接班，而是选择阿基勃特来做第二任董事长。

在签名之后顺带写上“标准石油，每桶四美元”，这是一件谁都可以做到的事。然而，这件事只有阿基勃特一个人去做，而且坚定不移，乐此不疲。嘲笑他的人里面，肯定有不少才华、能力都在他之上的人，然而最后只有他成为董事长。

成功没有偶然。有些看起来很偶然的结果，实际上我们看到的只是表象。而很多时候，正是对一些小事情的处理方式，已经昭示了成功的必然。“标准石油，每桶四美元”其实就是成功者的秘诀：一种锲而不舍的精神，一种坚持到底的信念，一种舍我其谁的自信，一种脚踏实地的务实态度。

伟大的哲学家冯·哈耶克说过：“如果我们多设定一些有限定时间的目标，多一分耐心，多一点谦恭，那么，我们事实上便能够进步得更快且事半功倍；如果我们‘自以为是地坚信我们这一代人具有超越一切的智慧及洞察力并以此为傲’，那么我们就会反其道而行之，事倍功半。”很多时候，我们想要实现我们心中的理想，其实不需要三更睡，五更起，而只需要每天付出一点点时间投入其中。事实上，只要我们能在相应的事情上每天进步一点点，理想就一定能实现。

成功者与失败者之间的距离，并不是大多数人想象的那样，是一道巨大的鸿沟。成功者与失败者之间的差距，可能刚开始非常小，只是成功者坚持每天进步一点点，所以日积月累之下，差距被拉得越来越大，直至失败者连成功者的影子都看不到。

第八章

成功

做一个赢家，拼出最美好的自己

真正的成功者，会持续不断地创造胜利

前面我们说过，失败只是通往成功路上的一个中转站，让我们千万不要因为失败而放弃，一定要在正确的道路上坚持到底。不过，如果我们能不失败，就尽可能让自己避免失败。我们每个人的生命长度都有限，如果能够收获更多胜利，岂不是更好吗？

这是一句众所周知的话："失败乃成功之母。"在某个角度看，这句话是正确的。例如，那些著名科学家、发明家，确实总是经历若干次失败的实验后，才会成功地获得一次新发现或新发明。爱迪生在发明电灯的过程中，就经历过一千多次的失败；居里夫人在进行科学实验过程中，也把失败看成是家常便饭。这样来看，他们的成功似乎是从失败中得来的。

然而，我们再深入思考一下就会发现，这些科学家、发明家最终获得成功，并不是因为他们失败了几十次、几百次或者几千次，而是由于他们在坚持不懈地做实验的过程中，发现正确的方法，然后用正确的方法帮助自己取得成功。从表面上看，我们会感觉"失败乃成功之母"，但从本质上看，正

确的方法才是成功之母。

当然，如果没有不断地尝试，也不可能会找到正确的方法。所以，想要取得成功，失败是难以避免的，尤其是在科学研究、发明创造等领域。尽管如此，我们还是可以努力提升成功率，降低失败率。失败的次数过多，很可能就是因为自己没有经过周密的计划，没有掌握到最关键的成功因素，甚至最起码的准备都还没有做好就贸然开始行动，所以才会让自己一次又一次地失败。如果把必须准备的都准备好，然后再开始行动，可能成功率就不会那么低。

搞科学研究、发明创造等工作，即使失败率再高，也是可以理解的，毕竟更多的时候是在探索未知领域。但是，如果我们去做那些很多人都做成功过的事情时，还会失败甚至失败好几次，就有些说不过去了。例如，一个销售人员在进行销售工作前，是有系统的基本功可以学习与练习，有无数成功经验可以借鉴的，还可以经常和同事们进行销售过程的模拟等等，关键是，你可以经常向身边优秀的同事学习，向同行里做得最好的人请教。在这么多有利的条件下，如果你在从事销售活动的过程中，还经常失败，就要从自己身上找找原因了。

如果我们留意观察和研究各行各业里那些成功人士，我们就会发现，很多成功人士经常会取得优异的业绩。为什么会这样呢？因为他们已经完全掌握所处行业的核心成功秘诀，知道怎么做更容易成功，选择什么样的“对手”和“战场”对自己最有利，而且会有条不紊地安排活动，所以他们总是不断地创造胜利。

在电影圈，徐峥可以算是一位非常优秀的演员。熟悉徐峥的人都知道，自从2012年徐峥导演兼主演了《人在囧途之泰囧》获得了票房上的巨大成功后，一直到2018年7月底为止，但凡有徐峥主演和投资的电影，大多数都在票房上获得巨大成功从而盆满钵盈的。例如《港囧》《超时空同居》《我不是药神》等电影，每一部都让徐峥赚到不少。而像《幕后玩家》虽然票房不是非常高，但因为投入成本低，他同样可以做到盈利。而他虽然没有参演但投资的电影《后来的我们》也获得非常高的票房，所以也赚到一大笔钱。在电影这个行业，徐峥就是一个在票房上不断取得胜利的成功者。

在电视圈，业内人士都知道郑晓龙是一个很了不起的导演，因为他导演的电视剧，每一部收视率都很高，社会影响力非常大，例如《北京人在纽约》《金婚》《甄嬛传》《芈月传》《红高粱》等。在拍摄制作电视剧上，郑晓龙是一位不断取得成功的顶级导演。

我们再来看看其他领域。例如军事领域，真正的成功者，往往都是常胜将军，一辈子打输的仗可能也就两三次甚至一两次。任何一位成功的军队将领，都不会允许自己的军队打败仗的。因为他们知道，失败就是削弱自己，壮大敌人；而成功就是削弱敌人，壮大自己。因为，一次败仗容易削弱自己的实力与气势，却增强敌人的实力与气势；一次败仗，丢掉自己的阵地，敌人却得到阵地。每一场战斗对敌我双方的影响都是双倍的。虽说一场战斗并不见得会决定一支军队的成败，但对士兵的士气却可以产生巨大的积极或消极的影响。某一次战斗的失败，会导致军官和士兵的士气跌落，士气的低落可能就是下一次战斗失败的最大原因。而真正成功的军事家，会持续不断地赢得胜利。拿破仑一生曾打过100多次胜仗。胜利使他坚信自己会所向披靡，使敌人闻风丧胆。事实上也确实如此。

成功有倍增效应。你越成功，你就会越自信；你越自信，就越容易让自己成功。从这种角度来看，成功是成功之母。成功与失败也有着两极分化的

“马太效应”，成功会使你更自信，并帮助你更容易取得下一次的成功；而失败会使人灰心丧气，结果离成功越来越远。这是一个赢家通吃的时代，富人享有更多资源，如金钱、荣誉与地位，而穷人却变得一无所有。你拥有的资源越多，就越容易获得成功，越容易成为一个不断取得胜利的赢家。

一个人的成就，是他每一次成功的累加；一个企业的成就，是其从每一次市场竞争中胜出的总和；一支军队的成就，是从他们不断地赢得的胜利中获得的。在激烈的竞争中，越来越多的人明白了“赢家效应”的重要。赢家效应，就是胜利的循环，就是一次又一次的胜利，就是从胜利走向胜利。胜利是一种习惯，失败也是一种习惯。愿你习惯于胜利而不是失败。只有持续不断地创造奇迹，才能称得上是真正的成功者。

唤醒“沉睡的巨人”，助自己一臂之力

二战时，有一艘美国驱逐舰在某国的港湾停泊。一天晚上，万里无云，月朗星稀，海面上一片宁静。有一名士兵照例开始巡视全舰。走着走着，他突然停下脚步。原来，他看到一个乌黑的大东西正在不远处的水面上浮动着。再定睛一看，他惊骇地看出那是一枚触发式水雷。这枚水雷可能是从某处雷区脱离出来的，正随着退潮慢慢地向着自己这艘战舰的舰中央漂来！他马上以最快的速度通知值日官，值日官也以最快的速度通知舰长。然后舰长命令全舰戒备，全舰立时动员起来。当看到那枚慢慢靠近的水雷时，大家马上明白了眼前的状况，知道灾难即将来临。

几位军官立刻聚在一起想办法。但是，想了好多办法，发现都不管用。马上起锚把舰船开走？已经没有足够的时间。发动引擎使水雷离开？只会让状况更糟糕，因为螺旋桨的转动会使水雷更快地漂向舰身。以枪炮射击水雷来引爆它？也不行，因为那枚水雷太接近舰内的弹药库。放下一条小艇，划过去用一支长杆把水雷带走？这个方法也不行，因为那是一枚触发式水雷，一不小心就会爆炸，即使很幸运没有引爆水雷，也没有时间去拆下水雷的雷管。怎么办呢？难道这个悲剧真的没有办法避免？

正当军官们因想不出办法而万分焦急时，那位最初发现水雷的士兵突然报告说，自己想到一个可行的办法，就是用消防水管，向舰与水雷之间的海面喷水，制造出一条水流，把水雷带向远方。等水雷被水流带到合适的地方时，就用舰炮引爆水雷。大家马上就明白这个方法可行。于是舰长马上命令大家按照这个方法采取行动。很快，危机得以解除。

后来有人问这位士兵，为什么突然能想到这个办法？士兵说，自己也不知道为什么，只是自己一着急，突然就想出这个办法，仿佛身体里有个人告诉他这个办法似的。其实，这个办法并不是什么天才的想法，如果你换位思考，你是那位士兵很可能也会认为真的是有一个“沉睡的巨人”帮助了自己似的。

事实上，我们在新闻媒体上时不时就能读到类似于这样的新闻，就是在关键时刻，主人公身上突然产生巨大的勇气、力量或者智慧，反正就是自己的体内仿佛有一个“沉睡的巨人”突然苏醒，然后给自己最需要的帮助。确实也有很多事情证明，在沮丧、自卑、失去信心时，“沉睡的巨人”可能突然会给你信心；在你焦虑、烦躁时，“沉睡的巨人”可能突然会给你冷静；在你胆怯、退缩、想放弃时，“沉睡的巨人”可能突然给你勇气。

这个“沉睡的巨人”我们现在其实已经很熟悉，因为很早以前就已经有心理学家把它称为“个人潜能”。美国心理学家詹姆斯说：“普通人只开发他潜能的1/10，与应当取得的成就相比较，我们不过是半醒着的。”如果他的这个研究真的靠谱，那么我们每个人身上确实都住着一个“沉睡的巨人”。加拿大病理学专家汉斯·塞耶尔在其《梦中的发现》一书中也专门研究了人的潜能。在书中，他还提出一个非常吸引人的观点："人的大脑所包含的智力与能量就如核能一样巨大。"

在心理学界，类似于这样的观点还有很多。而不知道从什么时候开始，潜能开发越来越成为人类社会中一个热门话题。随着各种成功学培训的大行其道，出现一大批所谓的"潜能开发专家"，发表着很多还没有科学根据的言论。为忽悠更多人来听他们的课程好让他们财源滚滚，他们还常常对个人内在潜能的力量夸大其词。类似于下面这些言论，你很可能有所耳闻：

（1）人类拥有巨大的内在潜力。我们还没有设计出一种比原子弹更具威力的新型炸弹。既然我们能用原子分裂释放巨大的物质能量，我们自然也能在自己封闭起来的力量内部引起分裂，以便相应地激发出巨大的人的潜能。

（2）人的潜能犹如一座有待开发的金矿，蕴藏着无穷的价值，所以我们每个人都有一座潜能金矿，但是，由于没有进行各种潜能训练。每个人的力量并没有得到淋漓尽致地发挥。

（3）大多数人并非命中注定不能成功。只要发挥足够的潜能，任何一个平凡的人，都能成就一番惊天动地的伟业，都可以成为新世纪的一个领航者。

（4）人类贮存在脑内的能量大得惊人。人平常只发挥了大脑极小的功能，要是能够发挥大脑一大半的功能，那么这个人可以轻易学会40种语言、背诵整本百科全书、拿12个博士学位，这一点儿也不夸张。

……

这些所谓的"潜能开发专家、成功学家"用这些夸张的言论与观点，似乎在暗示我们：只要把自己的潜能开发出来，每个人都是天才。令人遗憾的是，参加他们的“潜能开发培训班”的学员非常多，但成功开发出潜能的，几乎没有。

当然，很多心理学家、科学家都发现，每个人都确实拥有“个人潜能”，都拥有“潜意识”，也就是前面所说的“沉睡的巨人”。但还没有足够的证据证明，那些所谓的“潜能开发专家”的观点是科学的。因为到目前为止，除了在好莱坞电影里见过普通人变成超人之外，在现实生活中还没有发现哪个普通人通过潜能开发成为超人一样的存在。经过无数科学研究与应用实践，科学家们发现，到现在为止，潜能开发唯一靠谱的方法就是积极的自我暗示。因为这个方法已经有无数的实例可以证明。

有个报道很多人都知道。有一位已被医生确定为残疾的名叫斯蒂文的美国人，靠轮椅代步已经二十年。他的身体原本很健康，但他加入美军前往越南打仗时，却不幸被流弹打伤背部的下半截，他马上被送回美国治疗。经过治疗，他虽然康复了，却再也无法行走，只能坐在轮椅上。遭受这一巨大打击后，他整天借酒消愁。

有一天，他从酒馆出来，照常坐轮椅回家，没想到却碰上三个劫匪。这些劫匪要抢他的钱包，他拼命呼喊，拼命反抗。没想到却激怒了劫匪，他们拿来几瓶酒，全都浇到他和轮椅上，然后点燃了轮椅！

轮椅突然着火，斯蒂文竟然忘记自己的双腿不能行走，他拼命从轮椅上跳起来，然后逃走，求生的欲望竟然令他一口气跑了一条街。事后，斯蒂文说：“如果当时我不逃走，就一定会被烧伤，甚至被烧死。我忘了一切，一跃而起，拼命逃走。以至于停下脚步时，我才发现自己能走。”现在，他完全恢复健康，像正常人一样自如地行走。

上面的案例告诉我们，通过每天不断地积极自我暗示，是能有效地开发自身潜能，唤醒我们的潜意识。我们在追求成功的路上，希望我们身上的个人潜能，也就是那个“沉睡的巨人”被唤醒，助我们一臂之力，我们只需要经常进行积极的自我暗示就可以。通过这个方法唤醒的“沉睡的巨人”给予我们的力量，足以让我们创造出令世人惊叹的成就。

永远追求卓越，给自己满意的人生

那些不断取得胜利、一直都是赢家的人，往往都是永远追求卓越的人。他们知道，如果不追求卓越，他们不可能每次都取得胜利，成为赢家；如果不追求卓越，自己的产品或服务的质量就会下降，在不久的将来，很可能会被追求卓越的竞争对手击败，甚至被淘汰出局；如果不追求卓越，就很难过上让自己满意的人生，还会让自己的人生留下更多的遗憾。

什么是追求卓越？有一位事业有成的制造商说过：“能做一根质量过硬的针，也比只会制造一台糟糕的蒸汽机要好。”而制造一根“质量过硬的针”，就是追求卓越的表现。

法国伟大作家罗曼·罗兰在《米开朗琪罗传》里讲述了这样一个小故事：米开朗琪罗为当地教堂的圆形屋顶画圣经故事，总觉得自己画得不够好，于是就到酒馆里喝酒解闷，没想到却喝到劣质的酒。酒馆老板得知自己酒馆里的酒品质不佳后，当着米开朗琪罗的面，拿起斧头将装着这批酒的木桶全部劈开，结果酒洒了一地，酒桶都被劈成了碎木板，后来老板让人拿到厨房当成木柴烧掉。老板的做法令米开朗琪罗深受震撼，于是在回到教堂后，他便将已经画好的画全部毁掉，然后重新创作。米开朗琪罗的做法，就是追求卓越的表现。

一天，法国著名雕刻家罗丹邀请挚友--奥地利作家茨威格到他家做客。在罗丹的别墅里，他们在一张小桌前坐下吃饭。罗丹温和而慈祥的和茨威格交谈。文学和雕塑这两枝艺术之花让他们之间有说不完的话，他们都十分高兴，午餐在愉快的氛围中进行着。

吃过饭，罗丹便带着茨威格到他的工作室参观。

罗丹的工作室可以说是雕塑的出生地。在这里，有完整的雕像，也有许多的小塑样——一只胳膊，一只手，有的只是一只手指或指节；还有他已动工而未完成的雕像和堆满草图的桌子，这里就是他一生不断追求与劳作的地方。

“这是我的新作。”他说着便把湿布揭开，出现一座女性的正面塑像。“这已经完工了吧？”茨威格退到罗丹身后，看着罗丹的背影说。

罗丹没有回答，自己端详了一阵，忽然皱着眉头说：“啊，不！还有毛病……左肩偏了一点儿，脸上……对不起，你等我一会儿……”于是他便拿起刮刀、木刀片轻轻划过软软的黏土，给肌肉一种更柔美的光泽。他的手快速地运转着；他的眼睛闪耀着智慧的光芒。随着一块块黏土的掉落，雕塑变得越来越生动。茨威格站在后面，微笑着看这个对雕塑工作追求卓越的艺术家。“还有那里……还有那里……”他走回去，把台架转过来，又修改了一下。时而，他的双眉苦恼的紧蹙着；时而，他捏起小块的黏土，粘在塑像身上，又刮开一些。他完全陷入了创作之中。

这样过了半小时，一小时……罗丹的动作越来越有力，情绪更为激动，如醉如痴，他没有再向茨威格说过一句话。除了他要创造更崇高的形体的意念，整个世界对他来说好像已经消失了。

最后，工作完毕，他才舒坦地扔下刮刀，像一个多情的男子把披肩披到他情人肩上那样，温和地把湿布蒙在塑像上，然后径自走向门外。

快走到门口的时候，他突然看见了茨威格。就在那时，他才记起他还有个朋友在旁边。他意识到了自己的失礼，连忙抱歉地说：“对不起，茨威格，我完全把你忘记了，可是你知道……”茨威格被罗丹的工作热忱深深地打动了。

从罗丹的身上，我们不难看出他在工作中不断追求卓越，更可以看到罗丹对雕塑这件事追求完美的态度。什么是追求卓越？即便是再细微的一件小事，也要把这件事做到最好，这种做法就是追求卓越。

为什么大多数人都成功不了？因为他们在工作中做不到追求卓越。很多人都轻视自己的工作，认为在工作过程中，马马虎虎对付就可以。殊不知，你的工作质量越差，别人就会越不信任你。相反，如果你对待工作总是一副追求做到最好的态度，无论老板还是同事，都会尊重你，信任你。

为什么有些人永远都在追求卓越，即使是一件微不足道的事情也要力争做到完美，而有的人却总是马马虎虎、应付了事？主要原因是，前者有着明确的目标与追求，有着坚定的信仰与羞耻心，而后者两样都没有。拥有明确的目标，知道自己最想追求的是什么，一个人就会充满奋斗的动力，愿意主动吃苦，努力拼搏，去实现自己的目标。而他们知道，只有把工作做得尽可能好，自己才能更快、更好地达成目标。而信仰的力量是巨大的。当一个人有坚定的信仰，就能为实现自己的理想而进行不屈不挠的奋斗。

永远追求卓越的人，能不断取得成功；永远追求卓越的公司，能不断发展壮大。有管理专家研究发现，以盈利为目标的公司始终在利润上挣扎，有时候盈利，有时候亏损，总是无法有效地让自己保持盈利。然而，以卓越为目标的公司，总是不断盈利，不断胜利，不断从一个成功走向另一个成功，拥有自己的品牌，影响力越来越大。例如苹果、微软、IBM，都是先追求卓越、后追求利润的公司。事实上，当一个公司把产品做到最好，赚钱就是水到渠成的事。

对于个人来说，永远追求卓越才能给自己一个令自己满意的人生。换言之，无论你要去做大事还是小事，只要你决定去做，就一定要全力以赴，力求做到最好。这就是永远追求卓越，这就是真正的成功者一直成功的核心秘诀。

燃烧你的激情，助推你的事业

世界上从来没有一件伟大的事，是在欠缺激情的状态下完成的。激情是所有事业的助推器；没有激情，任何行为都不可能持续长久；激情能把人身上的全部潜能都调动出来，帮助自己成就大业。如果说热情是事业成功的基础，那么激情则能够成就伟业。因为激情比热情更长久，更有震撼力。

缺乏激情却想成功，这是不可想象的。缺乏对工作的激情，工作必然会变成无休无止的苦役，就像古希腊神话中的西西弗斯，不停地把一块巨石推上山顶，而石头由于自身的重量又滚下山去。没有激情，工作就没有乐趣，更没有休止。

激情让莎士比亚拿起笔，写下一部又一部传世的经典；激情让巴尔扎克在创作时，每天喝几十杯自己并不喜欢喝的咖啡；激情让牛顿每天除几个小时的睡眠时间外，剩下所有的时间都投入到研究之中；激情让比尔·盖茨连续工作二三十个小时，废寝忘食，把所有精力都投入到新软件的开发之中。有了激情，不睡觉都感觉不到困；有了激情，不吃饭都感觉不到饿。

激情者更容易超越平庸。激情是战胜所有困难的强大力量，激情使你保持清醒，使全身所有的神经都处于兴奋状态，去进行你内心渴望的事情；激情让你不能容忍任何有碍于实现既定目标的干扰。激情能让一个人保持高度的自觉，把全身的每一个细胞都激活起来，努力去完成心中渴望的事情。

激情是工作中一种最难能可贵的品质，对于一个员工来说就如同生命一样重要。有了激情，一个员工可以释放出巨大的潜在能量，并发展出一种坚强的个性；有了激情，可以把枯燥的工作变得生动有趣，使自己充满对工作的渴望，使自己产生一种对事业的狂热追求；有了激情，还可以感染周围的同事，拥有良好的人际关系，组建一支强有力的团队；有了激情，我们更容易获得老板的赏识和提拔，获得更多的发展机会。

判断一个人在他所处的行业中有没有前途非常简单，只要看一看他对目前工作的态度就可以。如果一个人在工作的时候没有激情，无精打采，那么这个人不但不可能成功，还很可能即将失业。如果一个人工作过程中激情满满，想方设法把工作又快又好地完成，那么这个人一定会非常有前途。

很多时候，工作的价值不在于工作本身有趣与否，而在于你有没有把激情投入到工作中去。许多工作，正是因为我们没有投入激情，也就发现不了其中的乐趣。如果你以富有激情的态度对待工作，你会发现再枯燥的工作，只要你富有激情地努力去做，也能变得有趣起来；如果你以消极的态度去对待工作，没有半点激情，那么再有趣的工作，当你没有激情、兴味索然地去干，也会变得了无趣味。可见，在工作过程中，有没有投入足够的激情，区别会非常大。

微软公司在招聘新员工时，有这样一个很重要的标准：“被录用的人首先应该是一个非常有激情的人，对公司有激情，对技术有激情，对工作有激情。”有人可能会觉得奇怪，微软公司为什么会有这样一条用人标准？微软公司的一位人力资源主管解释了人们的这一疑问：“我们不能把工作看成是几张钞票的事，工作其实是人生的一种乐趣、尊严与责任，只有对工作充满激情的人，才会明白其中的意义。”

在社会上，没有人愿意与一个整天萎靡不振的人交往；在职场里，没有任何一家公司愿意招聘一个整天提不起精神的人，更没有一个老板愿意重用一个整天情绪低落、终日牢骚满腹的人。和那些在生活中或工作上不太如意的人聊一聊，你就会发现，他们常常牢骚满腹、怨天尤人、愤愤不平、寻找借口。他们可能还没有意识到，他们的遭遇，他们陷入的困境，通常都是他们自己造成的。正是他们自己自毁前程、自食恶果。无论在生活里还是工作中，最容易获得奖赏的都是那些做事的时候充满激情的人。

有一位非常成功的民营企业家说过：“要想获得这个世界上最大的奖赏，你必须拥有过去最伟大的开拓者所拥有的将梦想转化为全部价值的满腔激情，以此来发展和销售自己的才能。”有机构对1400多家公司进行研究，最后得出这样一个结论：那些由优秀公司变为伟大公司的佼佼者，并不一定都拥有最新的技术和最擅长管理的人才，他们最有力的武器是他们的公司文化，一种激励每个人都按照他们想要的方式去工作的文化。因为在办企业、谋发展的过程中，更需要激情。

对于总能富有激情地去工作的人，处处都是机会。富有激情的人在追求成功的路上，往往会全力以赴，努力把该做的工作都做到最好。富有激情的人拥有锲而不舍的工作精神，不把工作做好誓不罢休。

学会自我塑造，做最想成为的自己

美国“成功学之父”戴尔·卡耐基曾说过这样一句名言：“只要你想成功，你就一定能够成功。”这句话影响了千千万万渴望成功与致富的人，鼓舞了无数人的信心。美国《成功》杂志创始人奥利森·马登指出：“对自身而言，一个人成就的高度绝对无法超越他自信所能达到的高度；对他人来说，我们给自己确定多少价值，就不能期望别人把我们看得比这更高。”在马登看来，一个人在追求成功路上最大的拦路虎，是自己错误的思想与想法，是对自己的不够自信，是胆量太小、勇气不足。

美国心理学家威廉·詹姆斯说：“人的难题不在于他将采取什么样的行动，而在于他想成为哪一种人。”一个人认为自己是什么样的人，他就会成为什么样的人。人类最重要的两件思想武器就是想象和选择。正是这两件武器，造就了每一个人。

14岁那年，美国“石油大王”约翰·洛克菲勒在克利夫兰中学上学。

在放学以后，他经常会到码头上闲逛，看商人们如何做买卖。有一天，他遇到一个同学，对方也往码头方向走，于是这两人边走边聊。那个同学问道："约翰，你长大以后想干什么？"当时还没有成年的洛克菲勒毫不犹豫地说："我要成为一个拥有10万美元的人，我一定会成功的。"多年以后，他成功地成为世界上第一位亿万富翁。在他生活的那个年代，一个普通工人一年的收入大概是200多美元，但他拥有的财富，却已经超过1亿美元！

如果你读过拿破仑·希尔的《思考致富》，你就会发现，想象的力量无比强大。大到什么程度？你想成为什么样的人，将来都有可能变成现实！就像约翰·洛克菲勒少年时代那样，他想象自己将来会成为一个拥有10万美元的人，长大以后，通过他自己的努力他居然真的做到了。当然，他想象的边界还是不够大，原因是他小时候周围的人可能大多数一年才赚一两百美元，然而他敢想象拥有10万美元，就已经非常了不起！这就相当于我们现在大多数普通人一年收入都有5万元人民币左右，然后你敢想象你将来拥有2500万元人民币一样。这样的目标，通过自己全力以赴的努力，是有可能达成的。

一定要重视和利用好想象的力量。人类的所有发明、创造都建立在大胆的想象之上。一个人相信某种思想和观点，他就会千方百计寻找对自己有利的证据，这种思想和观点也在寻找证据的过程中得到强化，最终在这个人的大脑中留下挥之不去的烙印。一个人在心中认为自己是什么样的人，他就会按照这个人应该具有的行为去要求自己，提高自身的标准，这就是"自我塑造"。

有一个叫“皮格马利翁效应”的故事，能帮助我们更容易地理解什么是“自我塑造”。皮格马利翁是古希腊神话里塞浦路斯的国王。他性情孤僻，一人独居。不过他很善于雕刻，有一次他在孤寂中用象牙雕刻了一座他心目中理想女性的雕像。雕成以后，他日夜对着这个雕像，后来竟然爱上自己的作品。他祈求爱神阿佛罗狄忒赋予雕像生命，阿佛罗狄忒为他真挚的爱情所感动，就使这座雕像活了起来。皮格马利翁叫她“伽拉忒亚”，还娶她为妻。

哈佛大学教授、著名心理学家罗森塔尔和他的学生雅各布森的《课堂中的皮格马利翁》一书就借用了“皮格马利翁”这一神话故事的寓意。他们在一所小学做了这样一项实验：首先，他们提供给某个学校一份学生名单，并告诉校方，他们通过一项测试发现，名单上的都是天才学生，只不过尚未在学习中表现出来。其实，这些人不过是罗森塔尔和雅各布森从学生名单中随意抽取出来的。

令人惊奇的是，在学期末的考试中，这些学生的学习成绩确实比其他学生的要高出很多。罗森塔尔和雅各布森认为，这就是由于教师期望的影响，因为那份名单对教师们产生了暗示。由于教师们认为某个学生是天才，因而就会对他寄予更大的期望，在上课时会给他更多的关注，通过各种方式向他传达“你很优秀”的信息。学生感受到教师的关注后，也认为自己的确很优秀，因而产生一种激励作用，在学习时会加倍努力，结果最后真的取得好成绩。

这个实验的结论是：名单上的学生之所以能取得巨大的进步，表面上看是源于教师们的暗示和激励，但更深层次的原因在于他们对自己非常积极的

“自我塑造”。当他们被老师和自己确认为天才后，他们就会以天才学生的标准来要求自己，最终这种自我要求也真正变成事实。

“自我塑造”的巨大威力告诉我们，你想成为什么样的人，通过一番努力后，真的会成为你一开始最想成为的人。当你相信将来你一定会是什么样的人时，从现在开始，你就一定会以“那个人”的言行举止、穿着打扮来要求自己。

如果把自己想象成是某个正面的人物，通过坚持不懈的努力，终有一天你会把自己塑造成这样伟大的人物。罗杰·罗尔斯出生在纽约的一个贫民窟，在这里长大的孩子进入社会以后很少有从事体面工作的。罗尔斯小时候跟其他顽童一样。后来他们学校请来一个叫皮尔·保罗的人当校长。罗尔斯出乎意料地听到校长对他说：“我一看就知道，你将来会成为纽约州州长。”从此，罗尔斯记住了这句话，生活开始有了希望与信念，有了努力拼搏的目标与方向。他不再说污言秽语，不再穿脏衣服，时时刻刻都想象着如果自己是纽约州州长，应该会怎样做。过了四十多年，罗杰·罗尔斯真的成为纽约州历史上第一位黑人州长！

敢于发挥想象力，善于自我塑造，你就真的会成为你自己最想成为的人，无论你最想成为的人是好人还是坏人，是成功者还是失败者。戴尔·卡耐基曾经非常自信地表示：“我有信心让每一个参加我培训课程寻求帮助的人，都得到他所希望得到的东西。但在我的培训中，受训者必须将自己投入到未来的形象中，然后努力使其成为现实。这是任何一个人都必须做到的。”戴尔·卡耐基敢这样“夸下海口”，是因为他非常相信“自我塑造”的力量。

无论你想成为什么样的人，想拥有多少财富，想追求到什么样的异性，想住上什么样的房子，想驾驶什么样的汽车……都不妨充分地放飞你想象的翅膀，勇敢地去想。因为，想象以及自我塑造的力量比你想象的还要大！